JN098050

デジタルシルクロード

情報通信の地政学

THE DIGITAL SILK ROAD

The New Geopolitics of Telecommunication

持永大　Dai Mochinaga

日本経済新聞出版

デジタル
シルクロード

情報通信の地政学

持永 大　Dai Mochinaga

日本経済新聞出版

目次

第2章 デジタルシルクロードとは何か 66

第3章　情報通信技術と国際政治におけるパワー　129

第6章 「自由で開かれたインド太平洋」と一帯一路 225

装丁・野網雄太

はじめに

中国による影響力拡大の不透明さ

中国は、一帯一路（シルクロード経済ベルトと21世紀海洋シルクロード、絲紬之路経済帯和21世紀海上絲紬之路）を通じて世界中の国々に影響力を拡大している。一帯一路デジタル経済国際協力イニシアチブ（デジタルシルクロード、数字絲紬之路）は、一帯一路の情報通信分野における構想である。このデジタルシルクロードは、通信インフラ整備、情報通信技術を利用したサービス、または、スマートシティなどのプロジェクトを通じて経済成長につなげようとするものである。

これに対して米国などは、安全保障上の懸念、知財の窃取、およびプライバシーの面において中国由来の技術は潜在的に高いリスクを抱えていると指摘している。しかし、これらの指摘は中国による影響力拡大の目的を理解するのに不十分である。例えば、なぜ多くの国がこれらの技術を受け入れるのか、低コスト機器に付随するリスクは何か、または中国の技術を通じた影響力はどのように効果を発揮するか、といった問いには十分に答えられない。

そこで本書は、デジタルシルクロードについて、国際政治におけるパワーの概念をフレームワークとして、経済、安全保障、および技術という要素と、インド太平洋という地域の地政学からその目的と影響力を明らかにする。これに対して日本を含む中国周辺のインド太平洋地域の諸国は、中国の台頭に伴う経済・安全保障のバランスの変化に適応しようとしている。

中国周辺諸国の経済のバランスは、中国・米国・それ以外の国々の3者から構成される。例えば東南アジア諸国連合（ＡＳＥＡＮ）諸国は、この3者を利用し自国の発展を進めてきた。その一方で、中国周辺諸国の安全保障政策は、米国を中心とした同盟関係に対する認識、中国に対する脅威認識によって異なる。

例えば安全保障面で対照的な立ち位置にいるのはベトナムとタイである。ベトナムは、米国の軍事力を所与のものとすることはできず、中国と南シナ海をめぐって領土問題を抱えており、米豪日印露との経済・安全保障上の協力関係を基にバランスをとっている。タイは米国と安全保障上の協力関係にあり、中国と国境を接していないことから中国に対する脅威認識はベトナムよりも少ない。

情報通信技術と国際政治におけるパワー

一部の国にとって、サイバー空間やそこで利用されるデジタル技術は、政府が自由で公正な選挙で選ばれない権威主義体制を補強するのに有用な道具である。しかし、その技術の利用方法は自由を重んじる国々にとって受け入れがたいものである。一方で中国は、自国の技術の社会実装方法に関する価値を海外に展開し、効果を強調することでその正当性を訴えている。この中国による価値外交は、他国が同様の手法を取り入れることで正当性を示そうとするものでもある。

技術は、この経済・安全保障のバランスを変える要素であり、デジタルエコノミー、情報通信技術、新興技術（人工知能、バイオテクノロジーなど）における主導権を握るには欠かせない。中でも情報通信技術は、メッセージングアプリやオンラインショッピングといった身近な道具から、重要インフラや国際金融までの基礎となっているのみならず、先進国だけでなく途上国の経済発展も支えている。

国連貿易開発会議のデータによると、国際貿易におけるコンピュータ等の情報通信機器やオンラインで提供される金融サービスなどの輸出額は、２０２０年時点で約3兆１６７6億ドルである。この金額は、全世界の輸出額の約64％となっており、２０１１年からの10年間に１・5倍になった。

また、情報通信技術は安全保障分野において、決定的な影響を与えるものとなった。米軍は１９９1年の湾岸戦争以来、軍事における情報通信技術革命によって圧倒的な勝利を得ている。情報通信技術は、統合情報システムという形で軍に実装され、組織横断の相互運用性を高めた。これによって戦場の情報をリアルタイムに共有することが可能となった。

この米軍の指揮・統制・通信・インテリジェンスを統合する統合情報システムは、日本を含む同盟国が導入するシステムの模範となり、システム間の連携による情報共有は米国との安全保障協力の礎を成している。

本書はデジタルシルクロードの形成を振り返るとともに、国際政治におけるパワーの概念を基に影響力を分析することで、デジタルシルクロードの戦略的な目的を明らかにする。国際政治におけるパワーの概念は、中国の戦略、研究開発の促進、企業の海外展開、技術標準の獲得、投資の回収といった個別の事例を結び、デジタルシルクロードの全体像を浮かび上がらせることが可能である。

本書では国際政治学で利用されるパワーの概念として、ナイ（Joseph S. Nye Jr.）のソフトパワーやストレンジ（Susan Strange）の構造的パワーの概念を活用する。ストレンジは、国際政治経済の動態を、直接相手に影響力を行使する関係的パワーと、政治経済構造をつくり決定する構造的パワーの概念を用いて説明することで、国家、企業、専門家の影響力を分析した。

この2つのパワーの概念は、デジタルシルクロードにおける各事例を関係付けるだけではなく、デジタルシルクロードが経済的支援として関係的パワーの強化に寄与し、金融や国際的なルールづくりとして構造的パワーを強化しているという理解を与える。この2つのパワーは、技術を通じてインド太平洋の経済・安全保障に影響を与えており、中国が用いているツールが違うこともわかる。

関係的パワーは一帯一路の道路、鉄道、港湾、通信ケーブルなどの物理的なインフラに沿って展開されており、中国の地政学的な連結性を高めている。一方、構造的パワーは関係的パワーを補完し、中国の影響力を高めている。具体的な事例には、オンライン決済や電子商取引などのデジタルプラットフォーム、データ保護やサイバー空間における規範などの世界的なルールづくりがある。

デジタルシルクロードの地政学的要素

サイバー空間と中国の地政学的な条件を考えると、東南アジアと南アジアは通信インフラのボトルネックとなる重要な地域である。

通信インフラの面からみると、中国は東側の沿岸部から南シナ海・太平洋に敷設されている海底ケーブルへアクセスしており、太平洋またはマラッカ海峡を通じて欧州・アフリカにアクセスしている。中国の南西側はインド・パキスタンによってインド洋・アラビア海へのアクセスが制限されている。また、ユーラシア大陸に陸上の通信インフラはあるものの、多くの国を通過する必要があり、敷設や運用にかかるコストや、切断される可能性が海底ケーブルよりも高い。そのため、東南アジアのマラッカ海峡と南アジアのインド洋へのアクセスは、中国のインターネットアクセスにおける要衝ともいえる。

そこで中国は、インドシナ半島を縦断する鉄道・道路インフラに沿った通信インフラや、中国・パキスタン経済回廊（China-Pakistan Economic Corridor：CPEC）によりインド・パキスタン・中国間の対立が絶えないカシミール地方を抜ける道路インフラに沿わせた光ファイバー網を整備することで、ボトルネックを解消しつつある。

途上国にとってサイバー空間を利用した経済発展は、「老いる前に豊かになる」ための手段の一つである。そのため中国に隣接する東南アジアは、中国による情報通信分野への投資を歓迎する。世界銀行（World Bank）は、東南アジアにおけるデジタルエコノミー発展の基礎として、通信接続、教育、決済、物流、分野横断的な政策・規制、戦略・計画、および地域連携と統合を挙げた。このうち、中国はデジタルシルクロードを通じて地域の通信接続、決済、および物流分野に大きな影響を与えている。

例えば、ファーウェイ（華為技術、Huawei）が通信インフラ整備を支援し、決済分野ではアリババグループ（阿里巴巴集団、Alibaba group）が、電子商取引プラットフォームを運営するLazadaを傘下に収め決済サービスを東南アジアに普及させている。またアリババは、マレーシア政府と連携して通関施設と物流インフラを統合した世界電子貿易プラットフォーム（Electronic World Trade Platform：eWTP）を設置した。

中国にとってデジタルシルクロードを推進するメリットは、中国周辺国を緩衝地帯化して安全保障上の脅威に対抗できることと、外交上の仲間づくりにある。経済面における中国の台頭は、周辺国と中国との貿易を拡大し、技術的・経済的な依存関係を強化するだろう。すると、中国周辺地域の国々は、中国から経済的な利益をより多く獲得しようと、経済・安全保障のバランスのとり方を変える必要性が出てくる。

さらに中国周辺のユーラシア大陸にある国々の多くは権威主義的な国であることも、中国にとって有利である。ベトナム、カンボジア、ミャンマー、ラオスなどの国は、権威主義国家でありつつ高い経済成長を成し遂げた中国を、目指すべき方向の一つと考えるだろう。

中国にとっては、東南アジア地域の模範となることが、日本、米国、オーストラリア、インドなどに対する緩衝地帯を周辺につくり出すことにつながり、中国の意見を地域の意見として発信することで外交力の向上につながる。

サイバー空間における課題の解決に向けたモデルを提示する中国、警戒する米国

中国が周辺国の模範となるためには、周辺国が抱える課題の解決策を提示する必要がある。東南アジア地域の国の優先課題は、経済発展、安全保障、および国内治安の安定である。このいずれにおいても情報通信技術が活用できる。経済発展におけるデジタルエコノミーの推進、安全保障のための軍備の近代化、国内治安の安定のためのサイバー空間の利用規制など、中国が提供できる技術やプラットフォーム、制度は揃っている。そのため、デジタルシルクロードは、技術やプラットフォーム、制度の国際化を推進するための戦略であることがわかる。

米国からみた1970年代以降の米中関係は、中国が戦略的パートナーとなるか、潜在的な競争相手となるかの間で揺れ動いてきたが、2000年代以降になると米国は対中強硬姿勢を示している。その始まりは、1999年の国防授権法においてハイテク企業と中国共産党との関係を調査するよう

指摘したことなどにあり、以来、米国防総省や議会は対中強硬姿勢を強化してきた。例えば、米議会の中国に対する批判は、2000年に設立された米中経済・安全保障検討委員会（United States-China Economic and Security Review Commission）において続いている。

米大統領の動向をみると、2016年のオバマ（Barack Obama）大統領と習近平主席の会談以降、17年のトランプ（Donald J. Trump）大統領および21年のバイデン（Joseph Robinette Biden Jr.）大統領と、対中強硬姿勢を強化している。特にオバマ政権以降は、米国のインド太平洋地域への関与が明確となり、米国も中国との経済・安全保障のバランスはブッシュ（George Walker Bush）政権以前と同じようにはいかないと認識している。

この複雑な状況を踏まえ、本書は、経済・安全保障のバランスの変化を推進するデジタルシルクロードの戦略的目標を明らかにし、豊富な事例からその進展状況を示す。また、日米豪印による自由で開かれたインド太平洋（Free and Open Indo-Pacific：ＦＯＩＰ）という理念に基づく外交が、デジタル分野でどう対抗できるかを示す。

本書の構成

本書は第1章において、デジタルシルクロードの問題点を指摘する。中国のデジタルシルクロードは、技術の社会実装に関する価値を広げようとする価値外交である。その影響の背景には、情報通信技術が変えた世界的な経済・安全保障におけるバランスがある。

第2章では、中国の戦略や政策からデジタルシルクロードの目的を明らかにする。改革開放以来、中国は、情報通信技術を科学技術政策と情報化の側面から重視している。また、2020年5月以降、中国共産党や習主席が言及する双循環の概念を基に、海外からの経済的利益の獲得と海外への働きかけを情報通信分野の観点から説明する。

第3章では、情報通信技術と国際政治におけるパワーを整理する。まず、本書の分析の枠組みとなる国際政治におけるパワーを説明し、次に情報通信技術が国際政治におけるパワーに対して影響を与えたことを示す。そして、中国が様々な領域にデジタルシルクロードを通じて与えている影響を明らかにする。

第4章と第5章では、デジタルシルクロードの事例からパワー行使状況をみる。特に、本書が注目するパワーの構造から、中国の経済力を利用したハードパワーと、中国の仕組みを魅力的にみせるソフトパワーの行使を取り上げる。また、軍民融合、スマートシティ、決済システム、技術の標準化活動、および国際的なルールづくりにおける影響を構造的パワーの行使としてみることで、中国が包括的に国際社会に対して影響力を行使していることを示す。

第6章では、各国の対応状況と今後の展望を述べる。日本、米国をはじめとする国々のデジタルシルクロードへの対応は、各国の単独での対応から、自由で開かれたインド太平洋といった複数国の枠組みでの対応になりつつある。その際、日本の対応が効果を発揮するかを探っていきたい。

2021年12月

持永大

第1章　デジタルシルクロードの何が問題か

1. この章について

近年、欧米諸国は中国に対する不安を募らせている。それは、中国の経済的発展に伴う国力の増大が外交や軍事分野におけるプレゼンス強化につながっているからだ。中国の経済と安全保障における台頭を支えた情報通信技術は、一帯一路の一部であるデジタルシルクロードとして注目を集めている。デジタルシルクロードの全体像は描きにくい。中国による情報通信に関するイニシアチブであることは明らかだが、戦略的目標が不明確であり、経済・安全保障への影響、各プロジェクトへの中国政府の関与の度合い、中国政府の政策や民間企業主導のプロジェクトとの関係など、すべてを把握しきることが困難だからだ。

この章は、デジタルシルクロードに関わる問題点を技術、経済、安全保障、および外交の側面から検討する。これらの問題点は米中間の大国間競争の文脈でも注目を集めており、技術が国際政治における権力（パワー）を構成する要素であることと、経済・安全保障の趨勢を概観することは、問題の大局的な理解に役立つ。

具体的に取り上げる問題は、技術利用の価値をめぐる外交、中国周辺の経済・安全保障のバランス、安全保障における技術革新、および技術・経済を利用した周辺地域への影響力拡大である。本書は、それぞれの問題において情報通信技術がどのような影響を与えたかを分析する。

本書が注目する期間は、１９９０年代から２０２１年にかけてである。全世界でコンピュータやインターネットなどの利用が社会に広がったとともに、中国が情報通信技術を通じて産業、貿易、外交、および軍事に注力し影響力を増した期間といえる。

2．価値外交：権威主義的価値を支える技術・制度の拡散

⑴ 技術の社会実装に関する価値の促進とデジタルインフラのロックイン

中国のデジタルシルクロードにおける問題は、技術の社会実装に関する価値の促進とデジタルインフラのロックインである。

まず、技術の社会実装に関する価値の促進について述べる。中国はサイバー空間をめぐる課題解決のモデルを他国に提示することで、情報通信技術を使った社会の管理をデファクトスタンダードにしようとしている。中国は、社会の情報化を推し進めて経済成長を成し遂げるとともに、情報通信技術

を使った社会の管理方法を洗練化してきた。

この技術の社会実装に関する価値の促進は、デジタルシルクロードを通じた中国の価値外交となっている。中国のデジタルシルクロードを通じた価値外交とは、情報通信技術の社会実装に関する価値を海外に展開することで、国際社会におけるルールや価値に対して働きかけようとするものである。

中国の対外行動は、国内政治や体制維持を動機とした力学によって決まることが多く、技術の社会実装に関する価値も国内政治や体制維持の延長線上にある。情報通信技術は、社会主義市場経済体制を確立しようとする中国共産党の、社会を管理するための手段となっている。そのため、中国は、国内における情報通信技術を利用した社会の管理を通じて習主席の意思による統率力を強化し、これを対外的に拡大しようとしている。

中国の情報通信技術を利用した社会の管理は、デジタル権威主義（Digital Authoritarianism）やデジタルレーニニズム（Digital Leninism）と呼ばれている。デジタルレーニニズムを提唱したハイルマン（Sebastian Heilmann）は、この取り組みを、ビッグデータを活用し、情報通信技術に支えられた権威主義体制であると指摘している。[1]ハイルマンは、デジタルレーニニズムの行く先について、ガバナンス方法を模索し発展を続ける習主席の２０２２年以降の続投による組織・意思決定の硬直化とサイバー空間における米国との絶え間ない紛争、中央によるコントロール不能と経済的混乱、および西側民主主義との対立をシナリオとして提示した。２０２１年時点では、中国の情報通信技術を利用した社会の管理は、組織・意思決定の硬直化と西側民主主義との対立に向かっているといえる。

技術の社会実装に関する価値の促進は、国際政治学において議論されてきたテクノ・ナショナリズムやテクノ・グローバリズムとは異なる。テクノ・ナショナリズムは、国家の論理を優先して科学技術政策を立案し、科学技術力で優位に立つことを唯一の最大目標とすることである。また、テクノ・グローバリズムは、科学技術について市場の論理を優先させる考え方である。本書で議論する中国による技術の社会実装に関する価値の促進とは、体制の強化や社会の管理のために技術を利用し、海外にその方法を広げることで、国際的な技術の社会実装の方法を規定しようとするものである。

次に、デジタルインフラのロックインについて、中国は、一帯一路によるインフラ輸出や技術提供を通じて、諸外国との関係を強化してきた。中国の支援により受益国は、経済発展に欠かせないデジタル分野の技術やインフラ、プラットフォームを安価に調達することができた。

この中国と受益国との間の経済・技術的依存関係は、受益国のインフラをロックインすることになる。中国企業は、安価な機器の提供とインフラの運用・維持をすることで、受益国が別のインフラやプラットフォームへ乗り換えることを困難にする状況をつくり出した。また、中国は国内の余剰生産能力を活用した輸出と国際標準となった技術のライセンス料収入などによって、国内市場に利益を還流させるエコシステムをつくり上げた。

(2) 一帯一路沿線国におけるデジタル権威主義拡大の潜在性とメリット

中国はデジタル権威主義拡大の潜在性とメリットを認識している。また、一帯一路沿線国にもデジタル権威主義を受け入れるメリットがある。

一帯一路やデジタルシルクロードの沿線国のニーズを捉え、デジタル権威主義を拡大しようとする中国の姿勢は、一帯一路の関連文書からわかる。中国の「一帯一路」建設における科学技術革新協力の推進についての特定計画（推進〝一帯一路〟建設科技創新合作専項規劃）は、中国と沿線国の発展段階と環境が似ていること、先行者優位性を確保するための政策・物流・金融・人的コミュニケーションの条件が良好であること、および科学技術革新協力が実績を上げつつあることを理由に科学技術分野における一帯一路沿線国との協力にチャンスがあるとみている。[2]

　これを踏まえると、中国は、発展段階と環境の似た中国周辺の権威主義体制を敷く国に対し、それらの国々の意思疎通が良好であるエリート層を通じてデジタル権威主義を拡大することができれば、情報通信技術を使った社会の管理を地域のデファクトスタンダードとすることができると考えている。

　一部の国には、中国の技術の社会実装に関する価値を受け入れるメリットがある。例えば、東南アジアの多くの国は権威主義体制である。これらの国の優先課題は、経済発展、安全保障、および国内治安の安定である。情報通信インフラは経済発展には欠かせず、中国との友好的な関係は安全保障上重要である。さらに、インターネットの利用規制やスマートシティによる都市の管理などの情報通信技術を利用した社会の管理は、国内治安の安定に活用できる。すなわち、今後の都市化やインターネットの普及を考えたとき、中国の技術の社会実装に関する価値は、中国周辺の新興国にとって魅力的である。国ごとに程度の差はあるが、デジタル権威主義は拡散しており、一部の国は、中国の技術の社会実装に関する価値を、自国の目指す方向の一つと考えつつある。

　中国にとって諸外国がデジタル権威主義を受け入れることは、国際社会が中国流の科学技術による経済社会発展の正当性を認めたと発信できることにつながる。

中国政府は国内において情報通信技術を用いた社会の管理を行っている。例えば、国民のデータと監視カメラを利用した管理システム、国家による信用情報の収集、インターネット上のコンテンツへのアクセス規制、国家情報法による民間組織の諜報活動への協力、サイバーセキュリティ法（網絡安全法）の施行を通じた個人・企業の活動規制がある。

中国政府は、これらの社会の管理方法やサイバー空間の統治方法をモデルケースとして宣伝することで、国際社会において情報通信技術を用いた社会の管理の支持を得たいと考えている。この国際社会による支持獲得に向けて、中国はデジタルシルクロードを通じてインフラやプラットフォームの整備だけでなく、中国の技術の社会実装に関する価値をより多くの国に広げようとしている。

(3) 技術の利用方法をめぐる価値の対立

欧米を中心とする国々やNGOは、中国の技術の社会実装に関する価値を批判している。その批判の理由は、主に人権侵害である。例えば、米国政府は、ファーウェイなどの中国企業が体制維持や人権侵害を支援していると批判・制裁しているほか、中国国外でも民主主義弱体化を狙うベネズエラのマドゥロ（Nicolas Maduro）大統領の取り組みを支援したとして中国国営企業の中国電子進出口を制裁した。[3] また、世界規模で自由を守るために活動するNGOフリーダム・ハウスは、長年中国におけるインターネットの使用が自由ではないと批判し続けている。[4]

また、批判の対象は、人工知能などの新興技術を活用した体制強化、民間技術の軍事転用を推し進める軍民融合、またはサイバー空間を通じた他国に対する影響にも拡大している。その背景には、中国が国内外のリソースを集約し新興技術の活用によって国力を強化した結果、欧米諸国の優位性が低下していることがある。

例えば米国の国家防諜安全保障センター（National Counter Intelligence and Security Center）は、中国の戦略的な目的を、国力の強化、イノベーションによる経済発展モデルの確立、および軍事の近代化と分析している。[5] これらを達成するためのリソース集約手段として、ジョイントベンチャーの設置、研究開発協力、学術的な協力関係、科学技術への投資、企業の吸収合併、目的を偽装したフロントカンパニーの利用、優秀な人材の獲得、諜報機関によるインテリジェンス収集、および法律・規制の活用を挙げている。

また、米国務省は、中国が民主主義社会の自由と開放性を悪用して、それらの国のガバナンス、繁栄、および安全保障を脅かしていると批判している。[6] 中でも、中国共産党は情報通信技術を利用して自国民を管理するだけでなく、世界規模の軍隊を設立するために全世界のデータを収集していると指摘している。

技術の利用方法をめぐる価値の対立は、人権侵害から様々な領域に拡大し、経済的な関係の悪化を引き起こしている。

米国は、トランプ政権以降、投資や貿易において様々な規制を実施している。米国政府は、米国の経済的損失の主要因として中国のサイバー空間における知財窃取を指摘しており、米国のシンクタンク戦略国際問題研究所（Center for Strategic and International Studies：ＣＳＩＳ）のルイス（James Andrew Lewis）は、米国が年間で２００億から３００億ドルの経済的損失を被っていると指摘した。

また、EUは2021年3月に新疆ウイグル自治区の副主席などの4名と新疆生産建設兵団公安局に制裁を行った。[7] これに対して中国政府は、報復措置として欧州議会の議員や人権小委員会の委員の入国禁止や、取引の制限などの制裁を実施した。[8] やがてこの影響は拡大し、経済的な関係にも及んだ。2021年5月に欧州議会は批准に向けて行っていた対中投資協定の審議を凍結した。

それまで欧州は、中国を経済面における重要なパートナーとして位置付けていたが、第5世代移動通信システム（5G）やファーウェイに対する批判が長年続いており、英国などの欧州の一部の国はそのリスクを指摘していた。今回の人権侵害にまつわる問題は、それまで中国との経済的な関係を重視してきたドイツなどの国の姿勢も変えることになり、欧州と中国の関係に決定的な影響を与えた。

3．経済・安全保障のバランスを変える技術覇権争い

(1) 経済、安全保障、および技術で進む米中間の覇権争い

米国と中国の関係は、経済、安全保障、および技術における大国間競争の関係となった。中国は1978年の改革開放以来、経済的な発展を遂げた。これにより、中国は米国に次ぐ世界第2位の経済規模を持ち、製造業の躍進によって世界の工場となり、国際通貨基金（International Monetary Fund：IMF）等の国際機関の運営などにも積極的に関与することで国際的なルールづくりに関わるようになった。世界各国は、国際的に影響力が大きくなった中国を大国とみなした。

大国となった中国は、米国との摩擦も大きくなった。2014年にオバマ米大統領は、中国が過去30年間フリー・ライダーであったと指摘した。フリー・ライダーとは、世界秩序の維持に貢献せず経済的発展の恩恵にただ乗りしてきたという意味であり、米国は中国が国際経済システムから享受した利益に対して、運営システムを担ってこなかったと指摘している。これに対して中国は、戦略的チャンスをつかみ世界が中国にただ乗りしていると反論している。[9]

米国の中国に対する姿勢は、21世紀に入って変化した。その変化は大統領の発言や米議会の動きに表れている。クリントン（Bill Clinton）大統領は、中国との経済的な関係強化を狙って中国を戦略的パートナーと呼んだ。しかし、ブッシュ大統領は、大統領選挙中から中国を戦略的な競争相手とみなした。[10]

また、米議会は2000年に米中経済・安全保障検討委員会を設立し、02年の報告書から軍事、経済、政治上のリスクを警告し続けている。その中では、中国によるサイバー空間におけるスパイ活動の阻止、米国における軍事技術へのアクセスの監視、装備品生産基盤の中国への依存を減らすことなどを提言してきた。[11] すなわち、米国は21世紀に入って中国に対する脅威認識を高めていた。

2010年代から米国と中国の間の摩擦は大きくなっている。米国は、経済の面では貿易赤字や知的財産保護、安全保障の問題では南シナ海や新疆ウイグル自治区などの地域問題や政府調達における中国製品の影響力、技術の問題では民間技術の軍事転用を加速させる軍民融合や先端技術などの産業政策について中国を批判してきた。

中国の台頭によって米国は、市場原理に基づいて構築された産業界のサプライチェーンを変更しようとしている。その理由は自国の安全保障だが、一度確立したサプライチェーンの変更は難しい。冷戦期には西側諸国は、安全保障上機微な技術に関して、対共産圏を意識した輸出規制を行った。しかし、現在のサプライチェーンは、中国の生産力に支えられており、安全保障を理由として短期間に再編成するのは難しいのが現実だ。

(2) 経済におけるバランス

経済におけるバランスとは何か

中国の経済的な台頭は、周辺国との経済におけるバランスを変えた。経済におけるバランスとは、生産に関する国や地域間のネットワークでの流量と内容のバランスであり、その変化によって中国の台頭を特徴付けることができる。

経済におけるバランスの変化の背景には、国際的な生産工程と調達の分散化、物流や情報通信技術に関するコストの低下がある。木村福成と安藤光代は、世界的な生産ネットワークの変化について、企業が一つの製品をつくる生産工程を分割し、調達や物流を情報通信技術によって調整することで生産費用を削減し、利潤を最大化できたと指摘する。[12]

この分割された生産工程は、立地、労働力、通信、および物流などの一定の条件を満たすことで分散先の国・地域の生産ネットワークへの参加を可能とした。特に電気・電子産業の場合、部品・中間財の重量・体積あたりの価値が高く、標準化やモジュール化によって分業が進んでいた。そのため、中国などの生産拠点を受け入れる国の経済は、生産ネットワークへの参加を通じて、世界経済に統合された。

白石隆とハウ（Caroline Hau）は、中国周辺の地域システムにおける経済におけるバランスについて、米国、中国、および日本を含むそれ以外の国による三角貿易体制の重要性を指摘している。[13] 中国の台頭以前、地域の経済におけるバランスは、米国、日本、および東南アジアによる三角貿易によって形づくられてきた。この三角貿易は、第二次世界大戦後における米国のヘゲモニーの下でソ連・中国を封じ込めるべく日本を発展させ、日本企業の事業展開を通じて日本、韓国、台湾、香港、および東南アジア地域の地域経済を統合し、世界経済において「東アジア」というまとまりを形成するに至った。

その後、中国はこの三角貿易体制に参入し、経済発展を成し遂げた。中国経済は１９７８年の改革開放による改革を通じて、東アジアにおける三角貿易体制に参入し、世界経済に統合された。やがて、中国は日本や韓国から中間財を輸入し、世界中に最終財を供給する「世界の工場」となった。この間に、地域的な経済におけるバランスの形態は米国、日本、東南アジアによる三角貿易体制から、米国、中国、日本を含むそれ以外の国による三角貿易体制へと変わっていった。

東南アジア地域の経済も１９９０年代に成長した。ＡＳＥＡＮは域内の関税や非関税障壁を１９９2年に撤廃し、域内貿易と投資の活性化による競争力強化を目指してＡＳＥＡＮ自由貿易地域（ASEAN Free Trade Area：ＡＦＴＡ）の創設を決定した。１９９2年のＡＦＴＡ創設決定後、95年にベトナム、97年にラオスとミャンマー、99年にカンボジアがＡＳＥＡＮに加盟し、東南アジア地域10カ国の6・6億人による経済協力圏がつくられた。

ＡＳＥＡＮは１９９７年から98年にかけてのアジア通貨危機以来、首脳会談などを通じて日本だけではなく中国とも経済的関係を深めた。例えば、２０００年に中国はＡＳＥＡＮとの自由貿易協定を提案し、04年にモノの貿易として物品貿易協定（TIG Agreement）、07年にサービス貿易協定に署名、そして09年に投資協定に署名した。[14] これによって、ＡＳＥＡＮと中国の間での貿易が活発化し、中国は日本や米国と並ぶ輸出入相手国となった。

ＡＳＥＡＮ、中国、日本、および米国の間での貿易額の変化は、経済におけるバランスの変化を表している（図表１－１）。２０１９年時点で中国はＡＳＥＡＮ諸国にとって最大の輸出入相手国となっており、この30年間に大きく立場が変化したことがわかる。ＡＳＥＡＮが現在の10カ国となってからの１９９９年、２００９年、19年の輸出額をみると、いずれの地域への輸出額も増加しているが、中でも中国の伸びは著しい。

１９９９年時点でＡＳＥＡＮ諸国の対中国輸出額は日本の3分の1以下、米国の6分の1以下であったが、２００９年には日本を抜き対米輸出額とほぼ同額となった。２０１９年時点では、ＡＳＥＡＮの対中輸出額は日本の約１・８倍となっている。

この中国の台頭によりもたらされた経済におけるバランスは強固であり、不可逆な変化である。木村と安藤は、日本や中国を含む東アジアでは、国境を越えた国・地域間の生産に関する安定的・頑健的なネットワークが形成されたと指摘している。

この研究では、生産ネットワークのショックへの耐性が、アジア通貨危機、世界金融危機、東日本大震災を通じて強固であったことを示している。その理由として、企業は進出する国・地域やアウト

図表1－1　ASEAN、中国、日本、米国間の貿易

	2019年			2009年			1999年			1989年		
ASEAN	中国	日本	米国	中国	日本	米国	中国	日本	米国	中国	日本	米国
輸出額（10億米ドル）	202.9	110.0	185.1	81.9	78.1	82.5	11.5	44.6	72.0	2.8	23.5	26.0
輸入額（10億米ドル）	306.1	116.5	111.3	97.2	83.1	67.7	13.9	55.5	46.6	3.9	30.1	19.6

	2019年			2009年			1999年			1989年		
中国	ASEAN	日本	米国	ASEAN	日本	米国	ASEAN	日本	米国	ASEAN	日本	米国
輸出額（10億米ドル）	362.1	158.7	457.7	106.8	112.1	258.4	12.3	41.8	84.5	3.2	13.0	23.5
輸入額（10億米ドル）	281.7	206.0	151.2	106.3	161.8	96.6	14.9	54.9	32.3	3.8	22.6	13.9

	2019年			2009年			1999年			1989年		
日本	中国	米国	ASEAN	中国	米国	ASEAN	中国	米国	ASEAN	中国	米国	ASEAN
輸出額（10億米ドル）	134.7	140.4	106.2	109.6	95.3	80.5	23.5	130.2	54.5	8.5	94.0	26.2
輸入額（10億米ドル）	169.2	81.2	107.8	122.5	60.5	77.9	43.1	67.5	46.4	11.1	48.3	26.1

	2019年			2009年			1999年			1989年		
米国	ASEAN	中国	日本	ASEAN	中国	日本	ASEAN	中国	日本	ASEAN	中国	日本
輸出額（10億米ドル）	85.7	106.6	74.7	53.8	69.6	51.2	39.7	12.9	57.7	16.1	5.8	44.6
輸入額（10億米ドル）	206.4	452.2	143.6	95.5	309.6	98.4	80.2	86.5	134.0	26.0	12.9	97.1

出所：IMF Direction of Trade Statistics より筆者作成

注：これらの数値は、各国の貿易当局がIMFに提出したデータに基づいている。そのため、日本の対米輸出額と、米国の対日輸出額は、完全に一致しない

ソース先を慎重に選んで緊密な生産ネットワークを構成しており、危機によって一旦途切れてもそれらを回復・維持しようとすることを挙げている。すなわち、経済におけるバランスの変化は不可逆であり、短期的なイベントでは大きな変化が起きにくいといえる。

経済におけるバランスはどう変わっているのか

この経済におけるバランスの変化は、中国が安定的な経済発展の安全保障上の重要性を認識したことで、加速した。経済的に頭角を現し始めた１９９０年代の中国は、経済制裁や通貨危機を通じて、経済的なリスクとどう向き合うべきかを検討していた。

１９９０年代前半、中国は天安門事件によって西側諸国から制裁を受け、ソビエト連邦の崩壊によって東欧諸国との関係を失ったことで、70年代から続いた改革開放による経済発展の勢いを失っていた。中国はこの状況を打破するため、周辺国との良好な外交関係を築くことに注力していく。

１９９７年12月、中国の銭其琛副総理は、アジア通貨危機によって経済・安全保障が安定と発展の重要構成要素であることが明らかになったと述べた。これ以降、中国は東南アジア諸国との関係を強化し、多国間の経済協力の枠組みに積極的に参加していった。これらの取り組みについて益尾知佐子らは、東南アジア諸国との関係改善は、中国の国際的な孤立からの脱却への一手段となったのみならず、地域大国としての中国のプレゼンスを高めることになった、と指摘している。

経済における中国の周辺国に対する姿勢は、互恵的な貿易関係によって経済的機会をつくり出し、周辺国にとっての「良き隣人」を目指す隣善外交である。２０００年代以降、中国共産党は02年の第16回共産党大会で「与隣為善、以隣為伴（隣国とよしみを結び、隣国をパートナーとする）」ことで、隣善外交の方針を明確化した。[15]

この隣善外交はＡＳＥＡＮに対しても行われており、２００２年５月にＡＳＥＡＮと中国は平和と繁栄のための戦略的パートナーシップに関する共同宣言に署名した。[16]同年11月のＡＳＥＡＮ＋３首脳会議では、朱鎔基首相が途上国の債務を削減することを表明した。[17]

白石とハウは、この中国の隣善外交について、「中国がＡＳＥＡＮを戦略的パートナーとすると決定したことによるものであろう」と指摘している。２０２１年には中国はＡＳＥＡＮとの関係強化に動いており、共通の利益を追求し政治や経済、文化、安全保障などのあらゆる分野で協調する包括的パートナーシップを締結しようとしている。[18]

２００１年以降、中国はタイ、カンボジア、ベトナム、ラオス、およびミャンマーといった大陸部の東南アジア諸国に対する経済協力を強化する。これらの国と中国南部の雲南省を覆う地域は、大メコン圏（Greater Mekong Subregion：ＧＭＳ）と呼ばれ、１９９２年からアジア開発銀行（Asian Development Bank：ＡＤＢ）が主導し、インフラやエネルギー開発が行われた。

中国は、日本主導のＡＤＢによる資金提供を受け中国南部を発展させつつ、２００１年のＡＳＥＡＮ・中国首脳会談で、メコン川流域の開発を経済・貿易関係強化における優先協力分野の一つとした。[19]このメコン川流域への支援は、後に一帯一路の一部となる中国・インドシナ半島経済回廊（China-Indochina Peninsula Economic Corridor：ＣＩＰＥＣ）として拡大していく。

また、中国は地域と世界との金融協力を強化している。インフラ開発をはじめとする経済協力には多額の資金が必要である。中国は周辺地域における開発金融に注力するため、２０１６年にアジアインフラ投資銀行（Asian Infrastructure Investment Bank：ＡＩＩＢ）を設立した。ＡＩＩＢはアジアにおけるインフラ開発やエネルギー、電力、運輸、情報通信などの分野への資金提供を行い、単独での融資と米国や日本が主導するＡＤＢと補完し合いながら国際開発金融業務を実施している。

設立の背景には、世界銀行、ＩＭＦ、ＡＤＢなどの国際金融機関における中国の発言力が小さいことがある。例えば中国を含む新興国は、２０１０年に新興国の出資比率と発言権を高める改革案を提出した[20]。この改革案によってＩＭＦはグローバル化する経済活動に対応できるだけの資金を確保することができるが、改革案の実行には米国議会の承認が必要であった。これに対して米国議会は、資金確保の必要性や新興国が国際金融機関の規範や価値を支持するかなどの論点によって改革案を拒否していた[21]。

その後、５年間の議論を経て米議会は改革案を承認し、中国はＩＭＦにおける三番目に大きな出資国となり議決権を手に入れたが、米国は依然として拒否権の行使が可能な状態を保持している。ＡＩＩＢによる単独融資の数は少ないが、中国が主導権を持つＡＩＩＢは、経済と金融を通じた中国の影響力強化に寄与する。

(3) 安全保障におけるバランス

米国とその同盟国によるハブ・スポークの安全保障

中国の台頭により周辺の安全保障におけるバランスは変化した。中国周辺の安全保障におけるバランスとは、東アジアから南アジアにかけての地域における力のバランスであり、これは主に米国とその同盟国によって維持される安全保障システムであった。まず、米国、中国、およびその周辺国の観点からこのバランスを形づくるに至った要因を概観し、次にその変化について述べる。

米国は、第二次世界大戦後の地域の覇権国として安全保障環境を構築してきた。この安全保障環境は、ダレス（John Foster Dulles）米国務長官が表現するところの米国をハブ、二国間の同盟関係をスポークとした、ハブ・スポークによる安全保障システムと呼ばれている。[22] 具体的には、日米、米豪、米韓、米フィリピン、および米タイ関係における安全保障条約や基地協定によって、締結国が米軍の前方展開を支えつつ、米国が核の傘を含む防衛力を提供する体制を指す。米国はこのシステムを通じて地域の覇権国として安全保障環境を構築してきた。

中国は改革開放から１９９０年代までは、主権保全を目的とした周辺国との緊張状態がありつつも、米国中心の安全保障秩序に挑戦しないことを外交戦略の基本としていた。そのため、１９９０年代までの中国周辺の安全保障におけるバランスは、米国と同盟国によるハブ・スポークによる安全保障システムを、周辺地域の安全保障における重要施策として中国が受け入れてきたことで維持された。中国はこれと引き換えに、経済的発展や先端技術を手に入れることができたことから、中国は米国による国際秩序と地域的な覇権による受益国であったといえる。

中国の周辺国は、米国と中国による安全保障におけるバランスを構成する要素としての役割を担ってきた。白石は、中国周辺の安全保障におけるバランス形成の要因を、各国の米国との同盟関係や米国を中心とする地域的安全保障システムに対する脅威認識、中国との領有権問題の有無、グローバル経済との統合度にあると指摘する。[23]

この指摘は、東南アジア諸国の外交・安全保障政策の違いを簡潔明瞭に整理している。例えば、ASEAN加盟国であるベトナム、フィリピン、およびタイの中国に対する外交・安全保障政策は、この3つの要因において異なっている。中国との間に南シナ海における領有権問題を有するベトナムとフィリピンは、米国とその同盟国による安全保障システムを前提としているかという点で違いがある。また、白石らは中国と国境を接していないタイについて、中国に対する経済・安全保障のアプローチの仕方が、ベトナムやフィリピンと違うことを説明した。

中国はアジアの覇権国として米国が君臨することを認めてきた

中国が、アジアの覇権国として米国が君臨することを認めてきたのは、覇権国となるにあたってのリスクとコストが大きすぎたためでもある。複数の国が均衡状態を保持するのと違い、中国がアジアの覇権国として振る舞うためには、外交関係、経済関係、および安全保障関係において様々なコストを負担する必要があった。冷戦期の中国は、ソ連との緊張関係、周辺国との領土問題などのリスク、政治や政策の不安定さ、投資環境の未整備、および軍事における装備品の性能や戦力投射能力の狭さなどを考えると、覇権国となるには難しい状況であった。そのため、1970年代から90年代までの中国は、安全保障上のコスト支出を自国の手の届く範囲に限定しつつ、世界経済への統合を通じて経済的な成長を成し遂げることを選択した。

安全保障におけるバランスは崩れているのか：米国の関与とヘッジによる対中政策

安全保障におけるバランスは、米国の方針転換と中国の台頭によって変わった。1972年のニクソン（Richard Nixon）大統領の中国訪問以来、米国の対中戦略は方針転換を繰り返した。この米中関係の不安定さについて、佐橋亮は、ソ連の牽制、米国の中国の変化に対する期待、失望などを指摘している。[24]

米国の対中戦略の方針は、「関与」と「ヘッジ」によって構成される。ここでいう関与とは、中国が米国によってつくられたアジアの秩序を受け入れ、将来的には「責任あるステークホルダー」となるよう米国が関与することである。[25]またヘッジとは、中国が米国によってつくられたアジアの秩序に挑戦し現状変更をしないよう、米国が中国周辺国と軍事協力を強化することである。米国は中国に対してヘッジすることで、ハブ・スポークによる安全保障におけるバランスを安定させた。

米国は関与とヘッジを組み合わせることで、対中戦略の方針を調整してきた。冷戦終結後のクリントン政権は、１９８９年の天安門事件以降続くヘッジを基本とする対中戦略を継承したが、その後財政再建、経済政策、およびグローバル化を重視し、主要な貿易相手国として中国に恒久的な最恵国待遇を与えるなど中国の経済力を強化する関与の方針をとった。

また、１９９４年の中国の軍事演習や米空母派遣による第三次台湾海峡危機によって、米国は一時的にヘッジしたが、米国は対中関与の方針もとり続けていた。

２００１年以降のブッシュ大統領は、就任後に対中政策をヘッジするとみられていたが、世界同時多発テロによって関与とヘッジの組み合わせが続いた。２０００年の大統領選挙において、ブッシュ候補は台頭する中国を競争相手とみなしていた。２００１年の世界同時多発テロ以降、米国はテロとの戦争を国家戦略の基本とした。ここで中国が対テロ戦争に関する支援を中国が持ちかけたことや、米国経済界の中国市場に対する期待もあり、ブッシュ政権はクリントン政権による関与とヘッジの組み合わせを継承した。この対中関与の方針は、中国のWTO加盟を否定しなかったことや、パウエル(Colin Powell)国務長官が「(米中間の関係が)敵対関係となる理由はない」と発言したことからわかる。[26]

ヘッジに関しては、サイローブ(Nina Silove)による研究が、ラムズフェルド(Donald Rumsfeld)国防長官が実施した国防戦略見直しにおいて政権発足当初から中国の台頭を懸念していたことを示している。[27] また、国防戦略見直しを実施したマーシャル(Andrew Marshall)国防総省総合評価局局長が2002年に作成したメモは、米国のアジアへの転換を方向付けたといえる。[28]

米国の外交・安全保障政策の焦点は2001年以降にアジア太平洋に転換する。この背景には、中国のさらなる台頭とその影響が及ぶ地域の経済的な重要性がある。

オバマ大統領は、安全保障戦略の重点をアジア太平洋に回帰させることを、2011年11月のオーストラリア議会における演説で明らかにした。[29] この演説では、米国が太平洋国家であること、インド洋と太平洋に軍事的プレゼンスを維持すること、アジア太平洋地域の国々とのパートナーシップを拡充すること、および自由で開かれた透明度の高い国際経済システムの構築が掲げられた。米国防総省はその直後の2012年1月に防衛戦略指針(Defense Strategic Guidance)を発表し、米国の安全保障の重点をアジア太平洋地域に置くことを明確にした。この方針は、米国のアジア太平洋政策の「リバランシング」や「ピヴォット」と呼ばれており、米国の対中政策の転換点となった。

その背景には、中国によるサイバー空間におけるスパイ活動、知的財産の侵害、または東南アジア地域における台頭といった懸念がある。これらは2002年から続く米中経済・安全保障検討委員会や米政府の懸念事項である。この米国のアジア太平洋政策における対中警戒論は、トランプ大統領とバイデン大統領のインド太平洋を重視する政策に引き継がれている。

米国の対中強硬姿勢は2000年代以降に強まっており、その始まりは科学技術分野にも見いだせる。例えば米国政府は、1999年の国防授権法においてハイテク企業と中国共産党との関係を指摘した。それ以来、米国防総省や議会は対中強硬姿勢を強化してきた。米議会の中国に対する批判や懸念は、米中経済・安全保障検討委員会、下院情報委員会（House Permanent Select Committee on Intelligence）などにおいて続いている。

米国の関与政策では思惑通りの結果は得られなかった。その思惑とは、中国が「責任あるステークホルダー」として国際社会の貢献者となり、安定した二国間関係の担い手となることである。バイデン政権のインド太平洋調整官であるキャンベル（Kurt M. Campbell）元大統領副補佐官は、米国の関与について「中国の政治体制、経済、および外交政策が変わると想定する、という根本的な間違い」と振り返っている。[30] クリントン政権、オバマ政権、バイデン政権において東アジア・太平洋地域に関与してきた同氏の振り返りは、関与政策が中国の国際秩序に合わせた振る舞いにつながらなかったことへの失望といえる。

中国の韜光養晦と周辺国外交

中国は、韜光養晦（とうこうようかい）を基本として米国との直接的な対立を避けつつ、外交・経済的手段を活用することで米国と周辺国によって構成されるハブ・スポークの関係を弱めようとしている。韜光養晦とは、1989年から2009年頃まで続く中国の、低姿勢を貫いて経済発展を追求する外交方針である。

外交手段を通じた周辺国との関係について、中国は1990年以降、安全保障におけるバランスの要点の一つである国境を接する国々との関係改善に着手した。

東南アジア諸国との関係において、中国は1991年にはブルネイと国交を樹立し、ベトナムと国交を正常化した。その後、2002年に中国とASEANは南シナ海行動宣言と非伝統的安全保障分野における協力宣言に調印することで、南シナ海における緊張緩和を試みた。また、1979年の中越戦争以来続いていたベトナム・中国間の陸上国境の問題は、両国が99年に陸上国境画定協定を結び、2008年12月31日に国境標識を設置したことで収束した。

さらに、中国は中央アジア各国との国境画定と信頼醸成措置を通じて、外交関係を改善した。ロシア、カザフスタン、キルギス、およびタジキスタンとの国境が1997年までに画定し、これらの国々と中国は96年4月に信頼醸成措置協定(上海協定)に署名した。その後、中国は2001年に上海協力機構(Shanghai Cooperation Organization)を設立し、中央アジアとの関係強化を進めた。したがって、1990年以降の中国は外交を通じて、周辺諸国との緊張緩和を実現したといえる。

また、中国とその周辺国の経済的な関係の深化は対中脅威感を沈静化し、米国と周辺国が構成するハブ・スポークによる効果を低減している。つまり、ASEAN諸国が米国との関係と中国との関係を天秤にかける際に、中国との関係の比重が増してきているということだ。

実際、中国とASEAN諸国の経済関係は、大メコン圏や一帯一路によるインフラ整備とASEAN-中国自由貿易協定(ACFTA)によって発展した。例えば、タイは米国と軍事協力関係にあるが、2014年の軍事クーデター以降に米国との関係が冷え込み、中国との軍事協力が拡大した。

その関係は武器取引に表れており、中国からタイへの武器売却額は2016年に米国からの売却額を上回る7700万ドルとなった[31]。具体的な装備品としては、2015年のBL904A対砲兵レーダー、2016年のKS－1C中距離地対空ミサイル、17年のS－26T通常動力潜水艦（20年8月にタイ政府は計画延期を発表した）とVN－1装輪歩兵戦闘車を含む34両の車両、20年のVN－16水陸両用強襲輸送車などである[32]。

さらに、タイはASEAN諸国に対して、地域の安全保障において中国が果たす役割が大きくなることを受け入れるよう呼びかけている。2016年にタイのプラユット（Prayut chan-o-cha）首相がシャングリラ会合で行ったアジア太平洋地域における戦略的均衡に関する演説では、多極化する世界において小国と中堅国は他国との友好関係を模索し、地域の持続的な安全保障環境を構築するために協力すべきである、と語った[33]。これらは、中国の周辺外交の成果が表れていることを示している。

加えて、中国は周辺国に対して米国のハブ・スポークによる安全保障におけるバランスを維持・強化しないよう呼びかけている。習主席は、2014年5月に上海で開催されたアジア信頼醸成措置会議（Conference on Interaction and Confidence Building Measures in Asia：CICA）での演説において、アジアの安全はアジアの人民によって守られるべきであり、第三国に対する軍事同盟を強化することは地域共通の安全保障の維持につながらないと述べた[34]。これは、米国のハブ・スポークを支える同盟国に対する批判であり、その関係を強化することは中国の安全保障にとって障害であるとの認識を示したといえる。

その一方で、中国は周辺国と対立を深めている部分もある。中国とベトナムなどの海に面した東南アジア諸国は、陸上での国境線画定を進めつつも、南シナ海では1990年代から衝突が続いている。中国は、経済的な関係を維持しつつ人民解放軍や海上法執行機関のプレゼンスを強化して核心的利益については妥協しない姿勢を明確にしている。

中国の核心的利益とは、「①国家の主権、②国家の安全、③領土の保全、④国家の統一、⑤中国の憲法が確立した国家の政治制度と社会の大局の安定、⑥経済・社会の持続可能な発展の基本的な保障を含むもの」である。[35]

また、欧米諸国は、南シナ海における領有権問題の拡大や海洋進出に対して懸念を抱いている。中国が航行の自由というグローバルな規範に挑戦することは、この問題の関係国を南シナ海周辺の国々だけでなく、世界の国々とするものであった。

ハブ・スポークによる安全保障におけるバランスは変わる

中国の進出に対して、米国は二国間関係を中心としたハブ・スポークから、多国間のネットワークによる安全保障におけるバランスへのシフトを検討している。米国のシンクタンクProject 2049 Instituteのブルーメンサル（Dan Blumenthal）らによる報告書は、2011年時点で既に、米国のハブ・スポークによる安全保障におけるバランスは変わると指摘していた。[36]

また、この報告書は米中間の関係が、冷戦期の米ソ間の関係と同様にはならないと指摘する。その理由は、中国が世界経済に統合されたことで、重要な貿易関係を有する米国と、軍事的な競争関係を同時に展開することは難しいからである。さらにブルーメンサルらは、同盟ネットワーク化による相互支援体制を構築し、ハブ・スポークに代わる安全保障におけるバランスをとることを提言していた。

このネットワークは、自由で開かれたインド太平洋として、中国に対する脅威感や基本的な価値・理念を共有する日本、米国、オーストラリア、およびインドによって実現した。従来のハブ・スポークと異なり、このネットワークの特徴は、経済や安全保障といったテーマと地域に応じて日米豪印の組み合わせを変えることで、米豪印が日ＡＳＥＡＮ関係を活用できる点にある。

例えば、日本はＡＳＥＡＮ諸国に対する人道支援・災害救援分野に関する能力構築支援を行っており、２０１６年には日ＡＳＥＡＮ防衛協力の指針「ビエンチャン・ビジョン２・０」を発表し、ＡＳＥＡＮとの防衛協力を進めてきた。その後、２０１８年にグアムで行われた日米豪共同訓練Cope Northで人道支援・災害救援訓練に関するＡＳＥＡＮ招聘プログラムを実施している。[37] ２０２１年７月には、先端技術の国際協力を議論する国際新興技術サミットが開かれ、技術開発における協力関係も構築しつつある。[38]

(4) 情報通信技術は経済・安全保障におけるバランスを変えている

情報通信技術は経済・安全保障におけるバランスをどのように変えたのか

情報通信技術は経済・安全保障におけるバランスを変えた。まず経済におけるバランスは情報通信技術によって、どう変わったのか、またなぜ変わったのかをみる。次に中国がいかにこの変化に適応し、成長機会として捉えることに成功したかを振り返る。

経済におけるバランスは情報通信技術によってどう変わったのか。情報通信技術は、市場の創造、地理的・時間的制約の緩和による国際化、分業化の変化を引き起こした。１９９０年代に始まったインターネットの商用利用は、情報通信技術を活用したサービスを生み出し、電子商取引、オンライン広告、コンテンツ配信などの新たな市場をつくり出した。

この技術による社会の変革は、18世紀の蒸気機関の発明、19世紀の化学、電気、石油および鉄鋼の分野の技術革新に続く、20世紀の第三次産業革命やIT革命と呼ばれた。その後、情報通信技術は、既存の製造業の生産性を高め、大量生産の画一的なサービス・製品から個々の利用者に合わせたサービス・製品へとその展開手法を変えた。

ドイツではインターネットに接続する機器を使った製造業の革新を、インダストリー4・0として推し進めた[39]。インダストリー4・0は、相互運用性、情報の透明性、技術補助、分散型の意思決定という4つの設計原則を設け、生産や流通工程を自動化してコストを極小化するとともに、データを基に機器の故障予測や異常検知をすることで生産を効率的に行おうとする取り組みである。他国もデジタル技術と他の分野の融合を目指す技術革新によって第四次産業革命における主導権を争っている。

情報通信技術は、社会全体に広く適用可能で基幹的な技術である汎用技術（General Purpose Technology）の一つである。汎用技術は、既存の産業と社会の在り方を変え、労働力の分布、居住地、労働の慣習・形態、製造業の地理的配置、産業の集中度、金融との関係、教育制度やその内容に影響を与えた。リプシー（Richard G. Lipsey）らは、コンピュータとインターネットを内燃機関と電力などに続く現代の汎用技術であると指摘した[40]。

例えば、情報通信技術によって企業は、製品の製造だけでなくサービスやソリューションを提供するようになり、テレワークにより自宅が仕事場となった。さらに、世界中の情報にアクセスするための英語教育の普及、居住地に拘束されない労働の提供の在り方による徴税の仕組みの変化など、情報通信技術によって社会は大きく変化した。

また、情報通信技術は、地理的・時間的制約を緩和し、経済のグローバル化を推し進めた。特に、計算と通信を組み合わせたことで、遠隔地との情報のやりとりにかかっていた時間・費用を削減した。これによって経済はグローバル化・ネットワーク化し、金融取引や製品開発における速さと効率性を高めた。

従来、経済活動は労働者、電力や物流などのインフラ、およびこれらの一体性といった条件により集中し、世界各地に産業集積地が生まれた。情報通信技術は、その制約を緩和し、企業が世界各地から製品やソフトウェアを調達するサプライチェーンを構成し、国際的な分業体制が確立した。国際的な分業は情報通信技術なしには成り立たない。企業は一つの製品をつくる生産工程を細分化し、調達や物流を情報通信技術で調整することで生産費用を削減し、利潤を最大化してきた。その要点は情報通信技術の応用だけでなく、モジュール化と標準化にある。

モジュール化とは、組織や情報システムを機能的なまとまり（モジュール）に分割することであり、標準化とはこれらの機能や、他のモジュールとの連接性を共通化することである。インターネットはモジュール化と標準化によって、複数のメーカーの機器がインターネットを通じて互いに接続することができるようになった。また、パーソナルコンピュータの部品はメモリ、ＣＰＵ、モニタなどがモジュール化されており、それらを接続するインタフェースは規格によって標準化されている。

一方、自動車はエンジンなどの部品がモジュール化されているものの、他部品との相互調整が必要であり、インターネットやコンピュータと比較して、モジュール化・標準化の度合いは低い。そのため、自動車と情報通信を比較すると国際的な分業の度合いが異なる。

経済におけるバランスはなぜ変わったのか

経済におけるバランスはなぜ変わったのか。情報通信技術が生産に関わる世界的な構造を変え、経済成長の原動力の一つとなったからである。情報通信技術は市場の創造、地理的・時間的制約の緩和による国際化、分業化を推し進め、改革開放により世界経済に統合されつつあった中国の経済成長を後押しした。

伍暁鷹と梁涛は、中国の経済成長における情報通信技術の役割について分析し、ICT関連の製造業が1981年から2012年にかけてのGDP成長率の29%を占めたと指摘している[41]。この分析では、情報通信関連製品の製造、情報通信を利用した製造、および関連サービス分野が、2008年の世界金融危機の影響を受けつつも、経済成長に寄与し続けたことを示している。

さらに情報通信技術が社会に広く適用可能となった要因の一つは、情報関連財のコモディティ化による価格低下である。コモディティ化とは、ある商品の普及が一巡して汎用品化が進み、競合商品間の差別化（機能、品質、デザイン、ブランドなど）が難しくなって、価格以外の競争要素がなくなることであり、国際的な分業はコモディティ化を促進した。そのため、携帯電話やパソコンなどの情報通信機器の価格は低下し、生産拠点が人件費の安いアジアへ移った。

中国は、国際的な分業の進展に伴い、情報通信産業における生産拠点となった。米国企業などが開発・設計を行い、中国や東南アジア諸国のEMS（Electronics Manufacturing Service）事業者が生産を担う国際的な分業は、賃金の安い生産国への投資を推し進めた。総務省の調査は、情報通信分野の産業構造において生産拠点が1990年代半ばに米国・日本から台湾へ、2000年代に台湾から中国へと移行したと指摘している[42]。例えば、Apple等の製品生産を受託する鴻海精密工業などのEMS事業者は、台湾に本社を置きつつ中国に生産拠点を置くことで、売り上げを拡大した。

この生産拠点の移行で中国は、先進国から最新技術を獲得し、安価な労働力によって、経済のグローバル化の波に乗った。世界経済への統合を果たしつつあった中国は、情報通信分野における世界の工場となり、中国の全世界のICT財輸出に占める割合は2000年の6%から12年時点で45%にまで成長した[43]。

中国はいかに変化に適応し、変化をチャンスとして捉えることに成功したか

情報通信関連製品の付加価値は、製造前の企画設計と販売後のサービス展開が多くの割合を占め、製造中部品の組み立ての割合が低い。この点は、台湾のコンピューターメーカーAcer創業者である施振栄が1990年代に指摘した、スマイル・カーブによって表現された製品の付加価値と国際的な分業市場の特徴に表れている[44]。

スマイル・カーブは、製品・サービスの企画設計・製造・展開のプロセスの段階を横軸にとり、各プロセスの付加価値を縦軸としてグラフを描く。すると、その形状は企画設計を行う欧米地域で付加価値が高く、製造を行うアジア地域の付加価値が低く、販売・サービス展開が行われる欧米地域で再び付加価値が高まり、U字になる。例えば、AppleのiPhoneは、高賃金の従業員が米国カリフォルニアで設計し、低賃金のEMS事業者の従業員が中国で部品の組み立てを行う。

ボールドウィン（Richard Baldwin）らは、1970年代と21世紀のバリューチェーンを比較して、カーブがより深くなっていることを指摘している。これは、前掲の総務省の調査で指摘する、主要EMS事業者の売上高および営業利益率の推移において、売上高が伸びても営業利益率は横ばいであることとも整合する[45]。

すなわち、生産量の増大に伴い製品一つあたりの平均費用が下がって利益率が上がるはずが、付加価値が下がっているために利益率は横ばいとなっている。

中国は変化に適応し、スマイル・カーブの高付加価値部分でも存在感を示し始めた。その背景には、1980年代から90年代にかけての海外からの投資の受け入れ、2000年代以降の中国から海外への投資がある。中国の人件費の安さは、低コストな労働集約を可能とし、国際化・分業化において優位な立場をつくり、海外から国内への投資の流入を加速させた。

2000年代に入ると、増大する外貨準備を原資として設立された中国投資（CIC）が海外直接投資を本格化させる。当初、中国政府は海外直接投資の目的を経済成長に必要な石油や鉱物資源の確保としていたが、やがて技術、経営手法、国際的なブランドの入手といった中国企業の国際的競争力強化を目的とするようになった。例えば、2005年4月に、Lenovo（聯想集団）がIBMのパーソナルコンピュータ部門を買収したことが挙げられる。

また、2000年代以降の中国は、発展途上国の経済発展に必要な情報通信技術の供給源となった。この流れを支えたのが、低価格な通信機器を製造する中国企業と中国政府による対外支援であり、後のデジタルシルクロードである。

中国製の安価な通信機器とデジタルシルクロードによる資金提供は、発展途上国にとって魅力的なパッケージである。なぜなら、発展途上国は、情報通信インフラを可能な限り安価に入手し、経済発展を成し遂げようとしているからである。例えば、フィリピンの情報通信ネットワークを構成する機器の8割は、ファーウェイやZTE（中興通訊）などの中国製機器である。この背景は、中国の通信機器メーカーが用意する資金繰りを含めたパッケージが欧米の通信機器メーカーよりも魅力的であったからだといわれている。[46]

情報通信技術は安全保障におけるバランスを変えた

情報処理と通信は安全保障におけるバランスを変えた。情報通信技術は、国家安全保障に欠かせない要素となり、軍事における組織・作戦を変えた。この変化は、国家の情報通信技術の利用方法に関する価値の違いによって、安全保障におけるバランスに影響を与えている。

情報通信技術は、外交・軍事の欠かせない要素となり、安全保障戦略を変えた。米国は、2017年12月に安全保障戦略（National Security Strategy 2018：NSS2018）を発表し、安全保障における情報通信技術の重要性を指摘した。[47] NSS2018は、米国にとって経済や軍事におけるサイバー空間の重要性が増したことを反映して、サイバー分野の記述がこれまでの安全保障戦略と比較して増えた。

NSS2018の主なサイバー分野に関する記述は、重要インフラ保護、サイバー犯罪、研究開発、軍事、外交、インターネットガバナンスである。この記述の包含する範囲は広く、連邦政府機関だけでも国防総省、国土安全保障省、司法省、国務省、商務省などが所掌する業務が含まれる。また、N

SS2018は経済・安全保障の観点からみたサイバー空間の重要性を指摘しており、情報通信技術が政治・経済・安全保障に与えた影響の大きさを示している。

2021年3月にバイデン政権が発表した国家安全保障の暫定指針も、サイバーセキュリティを最優先事項のひとつとすることを掲げた[48]。また、この指針はサイバー攻撃、偽情報の拡散、およびデジタル権威主義を安全保障上の脅威として挙げ、米国が同盟国やパートナーとこれらに共同で対処する方針を示した。

中国も、情報通信技術の重要性を認識し、サイバー空間に対する強い意欲をみせている。習主席は、2018年4月に開催された全国網絡安全和信息化工作会議で、情報化は中華民族に千載一遇のチャンスをもたらしたと指摘し、サイバー・情報分野の軍民融合を強化し、サイバー空間のグローバル・ガバナンスにおいて主導的な役割を担うことを表明しつつ、独自開発でネット強国(網絡強国)の建設を推進することを発表した[49]。

情報通信技術は軍事における組織・作戦を変えた

情報通信技術は、軍事における組織・作戦を変えた。これまでも情報通信技術はインテリジェンスや戦闘支援・後方支援を行う際に活用されていたが、1991年の湾岸戦争以降、戦闘の行方そのものを左右しうる要因となった。これを受けて各国は、安全保障戦略を描き直し、政府や軍の組織と予算を変え、情報通信技術の持つ潜在的な力を活用することを目指した。その結果、情報通信技術は軍事における要素技術の範疇を超え、戦略・作戦・組織に革命をもたらした[50]。

この革命は、米国をはじめとする各国の軍事分野に起きた軍事における革命(Revolution in Military

Affairs：RMA）の一つである。これまでのRMAには機械化や航空機などがあるが、情報通信技術が革命の要因となった背景には、主に民生用途での技術の発展、陸海空の統合運用に関する戦略思想、およびその思想に基づく制度の確立があった。

米国の場合、1970年代から民間においてコンピュータの利用が始まり、80年代初頭に米陸軍がエアランドバトルという統合運用に関する概念を発表し、86年の軍種間の協力関係を促進したゴールドウォーター・ニコルズ法によって統合運用の方針が確立された。

これらは、戦車、航空機、および船舶などのプラットフォームが通信ネットワークで接続されたネットワーク中心の戦い（Network-Centric Warfare：NCW）という概念に発展し、知識や情報の統合を実現した。その結果、米軍は2001年のアフガニスタン戦争や03年のイラク戦争で、本格的な統合作戦を実行することができた。

中国も、情報通信技術によって軍事戦略を描き直した。中国共産党中央軍事委員会は、1993年と2002年に軍事戦略方針を修正し、それぞれ「ハイテク条件下」の、「情報化条件下」の短期決戦に備える方針を明らかにした。これらの中国の軍事戦略方針修正の契機となったのは、1991年の湾岸戦争と2001年のアフガニスタン戦争である。

情報通信技術を利用した米国の大規模で複雑に統合された作戦をみた中国は、戦争には新たな技術領域があることを認識し、ハイテク兵器の本質が情報化にあると考えた。ネイサン（Andrew J. Nathan）とスコベル（Andrew Scobell）は、この技術領域について、1990年代の人民解放軍にはとうてい手の届かないものであったと指摘している。[51]

門間理良は、人民解放軍の情報化の方針は2007年頃に決定されたと指摘している[52]。また、門間は中国の戦略移行について、「『ハイテク条件下での局地戦争』戦略から『情報化条件下での局地戦争』戦略への移行は江沢民政権末期から準備されていたが、イラク戦争を契機に決定的になり、胡錦濤時代に正式に動き出した」と指摘しており、情報化が人民解放軍の組織・能力開発の方向性に影響を与えたことを示している。

情報通信技術がつくり出した作戦領域

コンピュータと通信ネットワークがつくり出したサイバー空間は、陸、海、空、宇宙に次ぐ新たな作戦領域となった。米国は1970年代に情報通信技術の戦略的重要性を見いだし、90年代から組織的な体制づくりを行い、作戦・戦術レベルまで体系化を進めた。

米国はサイバー空間の経済・安全保障上の優先順位を高め、オバマ大統領はサイバーセキュリティに関するリスクを、「21世紀における最も深刻な経済・安全保障上の挑戦」であると指摘した[53]。安全保障面では、2010年2月の国防総省による4年ごとの国防計画見直しにおいて、米国がサイバー空間の脅威によって安全保障を脅かされており、サイバー空間を陸、海、空、宇宙に続く第5の作戦領域として位置付けた[54]。

軍事組織における情報伝達は、指揮（Command）、統制（Control）、通信（Communications）、コンピュータ（Computers）、相互運用性（Interoperability）、監視（Surveillance）、偵察（Reconnaissance）の頭文字をとってC4ISRと呼ばれる。これらは、陸、海、空、宇宙の戦略、作戦、戦術面で必要となる機能である。

例えば、Ｃ４ＩＳＲ装備は、前線で得た情報を作戦指揮システムにフィードバックし、必要な戦力、物資、時間などをコンピュータが処理し、これらの情報を基にした指揮官の判断を伝達することが可能である。

米国は、安全保障における情報通信技術の重要性をインターネット登場以前から認識していた。例えば、１９６０年代からコンピュータシステムに対する脅威の研究を始めており、72年にはコンピュータの制御機能および技法に関する基本方針とマニュアルを発表している。

組織面では、１９９８年12月に米サイバー軍（U.S. Cyber Command：ＣＹＢＥＲＣＯＭ）の前身となるJoint Task Force-Computer Network Defense（ＪＴＦ－ＣＮＤ）を設立した。その後、ＪＴＦ－ＣＮＤは宇宙軍の隷下に置かれていたが、多くの組織再編を経て２０１０年にＣＹＢＥＲＣＯＭとなった。

ＣＹＢＥＲＣＯＭは当初、核兵器戦力の運用を行う統合軍の一つである米戦略軍の隷下に組織されていたが、２０１８年に統合軍の一つとして格上げされた。統合軍は陸・海・空・海兵隊の軍種を、地域または機能別に統合して指揮するための部隊であり、太平洋軍などの地域別統合軍や戦略軍などの機能別統合軍がある。

ＣＹＢＥＲＣＯＭは機能別の統合軍であり、サイバー空間における作戦だけでなく、他の軍種の支援も実施する。国防総省はサイバー空間における作戦の種類を公開しており、ＣＹＢＥＲＣＯＭの任務には軍事、インテリジェンス、事務処理などを幅広く規定している。そのため、ＣＹＢＥＲＣＯＭの作戦は、他国へのサイバー空間を通じた攻撃的作戦のほか、国防総省の運用するネットワークであるDepartment of Defense Information Network（DoDIN）などの情報システム運用を包含している。

国防総省のサイバー空間における作戦は、情報の利用に焦点をあてた情報作戦（Information Operations）よりも広い範囲を念頭に置いており、攻撃や防御の作戦を分類している。具体的には、統合参謀本部の文書は、攻撃的作戦（Offensive Cyberspace Operations：OCO）、防御的作戦（Defensive Cyberspace Operations：DCO）、国防総省内部の運用（DoDIN Operations）の3つに、命令の目的や意図によって分類している。

中国のサイバー戦へのアプローチ

人民解放軍は、平時における情報戦や情報窃取を目的としたサイバー空間での作戦、戦争初期の段階で機先を制する目的でサイバー攻撃を利用する。人民解放軍は、情報戦を、敵対する双方が政治、経済、科学技術、外交、文化、軍事などの領域において、情報技術を利用して進める主導権をめぐる争い、として定義している。[55] そのため、平時における情報窃取を目的としたサイバー戦は、人民解放軍における情報戦の一部として位置付けられている。

また、米国防総省は、人民解放軍が情報戦を宇宙や核による抑止力と統合しようとしていると指摘する。具体的には、情報戦を通じて軍事・政治・経済上の標的を攻撃できることを示して抑止力とし、サイバー戦能力を他の抑止力と統合していると指摘する。

人民解放軍は、習主席による軍事改革の一環として2015年に戦略支援部隊を創設し、情報の支配権「制信息権」（信息は中国語で情報の意味）の掌握を目指している。戦略支援部隊は、宇宙・電磁波領域を統合し、サイバー空間を利用した情報支援を行う。そのため、人民解放軍におけるサイバー戦の能力は主に戦略支援部隊にある。

同部隊は陸・海・空などの異なる軍種の要員から構成される統合軍であり、これまで総参謀部の下にあったサイバー戦を行う部隊などを統合した部隊である。軍事改革以前、人民解放軍におけるサイバーや電磁波を扱う部署は総参謀部第三部、第56研究所、第57研究所、第58研究所、総参謀部第四部に分散していたが、戦略支援部隊としてこれらを一カ所に集約した。

また人民解放軍は、大学や軍事関連企業グループと連携協定を結んでいる。国防部によると中国科技大学、上海交通大学、西安交通大学、北京理工大学、南京大学、哈爾浜工業大学などの大学や中国航天科技集団、中国航天科工集団、および中国電子科技集団などの軍事企業と連携協定を結んでいる。[56]

ここまで見てきたように、情報通信技術は、軍事における組織・作戦を変えた。一方、その背景には民生分野における情報通信技術の活用や経済活動がある。そこで次節では、経済面に焦点をあて、デジタル化を実現するための製品・インフラ・サービス・知的財産とデジタルシルクロードの関係に着目する。

4．デジタルエコノミーの潜在力

(1) デジタルエコノミーとは何か

情報通信技術は、途上国が経済発展を成し遂げるために欠かせない存在となった

デジタルエコノミーとは、インターネットを基盤としたデジタル技術を利用した経済活動である。デジタルエコノミーが包含するテーマは幅広く、デジタル化社会を実現するための製品やインフラ、サービス、知的財産など広範にわたっている。

このデジタルエコノミーの経済効果は、情報通信業以外の業種にも広がっている。例えば、QRコードによるオンライン決済やインターネットを通じて保険の契約者同士がリスクを共有するP2P保険は、情報通信技術が可能とした金融業の新たな形態である。

情報の流通は、経済活動における大きな要素となった。これまでも貿易を通じたモノ・カネの動きにおける情報の重要性は指摘されてきたが、情報をコンピュータ上でデジタル化し、ネットワークを介して交換することで、情報の流通は効率化した。例えば、物流におけるモノの場所・時間・状態・移動経路を管理する情報システムは、製造・販売・調達過程を効率化し、生産と消費の間にある時間的・空間的ギャップを少なくした。また、カネの動きも、インターネット上でのクレジットカード決済やインターネットバンキングという情報の流通となったことで効率化した。

物流の効率化と決済のオンライン化によって生まれた電子商取引は、消費者が世界中の市場から商品を購入することを可能としたことに加え、販売者の商品の在庫管理、販売戦略、または物流管理などの在り方を変えた。

経済活動の国際化・分業化と課題

すべての経済活動をデジタル化することの恩恵は、情報通信技術の活用による経済活動の国際化・分業化にももたらされる。経済活動のデジタル化により、企業は製品やサービスを国際展開することが容易になった。これによって企業は事業規模を拡大し、活動拠点を複数国に分散することで多国籍企業化した。国連貿易開発会議（United Nations Conference on Trade and Development：UNCTAD）は、デジタルエコノミーにおける多国籍企業の構造について分析し、デジタルエコノミーが世界経済においてこれまで以上に重要な存在になっていると指摘している。[57]

このUNCTADの報告書は、デジタルエコノミーの構造を構成する企業を、デジタル多国籍企業と情報通信多国籍企業に分類し、それらの特徴を分析した。この分類において、デジタル多国籍企業は、プラットフォーム上でサービスを行う企業とし、その特徴は海外の売り上げが全体の7割を占めており、間接的に国内産業の生産性を押し上げていると分析している。また、情報通信多国籍企業は通信インフラを提供する企業とし、営業利益や従業員数の面において5年間で3割増加するなど、順調な成長を遂げたことを示した。

電子機器製品の貿易額が増大していることやサプライチェーンが国際化していることを踏まえると、この調査結果はデジタル化の進展によって、サービスの取引においても国外への相互依存関係が大きくなることを示している。この点は、中国のデジタルシルクロードを通じた影響力強化の要因にもなっている。

デジタルエコノミーの課題は、利用環境、教育訓練、規制、または政策が国や地域によって不均一なことだ。国際電気通信連合（International Telecommunication Union：ＩＴＵ）によると、２０２０年時点で世界人口の約半分の39億人がインターネットを利用している。[58] また、先進国のインターネット利用率が87%であるのに対し、途上国は44%であるだけではなく、インターネットに接続できるのは全世界の都市部のうち72%、農村部のうち37%であることを指摘する。

さらに通信速度・コストも不均一であり、デジタル技術を最大限に活用するためには、高速なインターネット基盤が必要だが、通信インフラの整備には、多額の資金と技術の導入が不可欠である。具体的には、インフラとして光ファイバーなどの固定回線の整備、輻輳や遅延を回避するネットワーク設計、および5G等の移動体通信などを導入する必要がある。また、このインフラを運用・保守し、技術や制度の進展に合わせた設備更新も欠かせない。

(2) 東南アジアにおけるデジタルエコノミーの潜在力

東南アジアの潜在力

デジタルエコノミーの潜在力は、インフラ整備、利用者数、社会のデジタル化に伴う効率化、および新たなサービスなどによる市場拡大にある。中でも東南アジアは、近年急速に移動体通信網を利用したスマートフォンによるインターネット利用が拡大している。

東南アジアにおけるデジタルエコノミーの規模は4年間で3倍となり、2019年に1000億ドルを超えた[59]。2020年は新型コロナウイルス感染症のパンデミックにより旅行に関連したオンラインサービスの規模が58％減少したにもかかわらず、電子商取引、オンラインメディア、および料理宅配サービスの拡大によりデジタルエコノミーの規模は成長した。中でも決済・投資・保険などの金融分野は成長を続けており、これと反比例して現金の利用は減少している。

ASEANは人口規模が大きく、一人あたりのGDPの向上による成長余力が大きい。今後、高齢化を迎える東南アジアの国々にとってデジタルエコノミーは、「老いる前に豊かになる」ための手段の一つとなっている。世界銀行は、東南アジアにおけるデジタルエコノミーの発展における基礎として、通信接続、教育、決済、物流、分野横断的な政策・規制、戦略・計画、および地域連携と統合を挙げた[60]。

これらの発展の基礎を整えるのを阻む要素として、各国の地理的な特徴がある。フィリピンやインドネシアなどの島嶼から成る国の通信事業者は、人口の集中度が一様ではない地域をネットワーク接続するため、利用料金が他国よりも高くなる。また、国をまたぐ通信に利用される光ファイバーケーブルの敷設には、多額の投資が必要であり、海底ケーブルの場合は1㎞あたり2万5000ドルから3万5000ドルが必要である[61]。

潜在力を引き出すためのインフラと制度

デジタルエコノミーの潜在力を引き出すためには、政府が主導し課題の一部を解決する必要がある。政府は情報通信政策を通じて、通信インフラの整備やサービスの提供の最適化を通じた経済性の向上と、誰でも通信環境を利用できるユニバーサルアクセスなどの公平性の担保やプライバシー保護といった社会的配慮を行うことができる。多くの国において電気通信事業は国が強く関与する事業であり、光ファイバー網の整備、移動体通信用のアンテナ設置、周波数の利用などにおいて国が認可・監視の役割を担っている。

東南アジアの国々は情報通信の基盤となる政策や戦略の整備が不均一であり、1990年代までの国営や公営の企業による独占事業から競争環境に移行した国と、21世紀以降に少しずつ移行している国がある。シンガポールやタイなどの一部の国は周辺国よりも早く民営化し、携帯電話などの移動体通信や国際通信分野に民間企業が参入したことで競争環境が生まれた。ミャンマー、カンボジア、およびラオスは、2000年代以降に基盤となる政策が整備され、周辺国を追い上げている[62]。

データの利用は、デジタルエコノミーにおける重要な要素の一つである。デジタルエコノミーにおける新たなサービスは、データを収集・利用することで、付加価値を生む。そのため、経済活動の国際化に伴う他国とのデータ交換、個人データの蓄積・処理・保護規制、およびデジタルサービスの取引にかかる課税は、多国間の枠組みと各国の制度として議論が進んでいる。

共通の規則の下でデータ利用ができれば、越境データの利用が容易となるが、各国はプライバシーに対する考え方、法的枠組み、消費者保護、または治安対策において考え方が異なっている。例えば、EUと米国はプライバシー保護に対する考え方が異なり、EU側が米国において十分に保護されないと訴えている。

東南アジア諸国は、アジア太平洋経済協力（Asia Pacific Economic Cooperation：APEC）で越境プライバシールールに関する対話を重ね、データ保護政策を導入し始めている。また一部の国は、治安対策の側面をデータ保護政策に組み合わせている。

ベトナムは、2019年にサイバーセキュリティ法を施行した。同法は、外国の電気通信およびインターネット・サービス提供者に対し、国内利用者のデータを対象としたサーバや事務所の国内設置を義務付けている。また、ベトナムは2015年のネットワーク情報安全法、18年のインターネット・サービス及びオンライン情報の管理、提供及び利用に関する首相令によって、企業のデータを統制し、国内の治安対策を行っている。[63]

(3) デジタルエコノミーにおける中国の存在

デジタルシルクロードは、デジタルエコノミーにより経済成長を目指す東南アジア地域の国々にとって魅力的である。デジタルエコノミーの基盤となる通信インフラ、決済サービス、および物流インフラは、一帯一路による資金援助と中国企業のノウハウを組み合わせることで提供可能である。

中国企業は、デジタルシルクロードを活用して国内の基盤を海外に拡大し、最短で途上国に溶け込んでいる。例えば、ファーウェイが通信インフラ整備を支援し、決済分野ではアリババグループが電子商取引プラットフォームを運営するLazadaを傘下に収め、決済サービスを東南アジアに普及させている。また、アリババはマレーシア政府と連携して通関施設と物流インフラを統合したeWTPを設置した。これらの活動は、一帯一路による鉄道や道路などのインフラと組み合わせることで、支援国の中国に対する依存度を向上させる。

また、中国は政策面で他国に影響を与えている。中国が周辺国の模範となるためには、周辺国が抱える課題の解決策を提示する必要がある。東南アジア地域の国の優先課題は、経済発展、安全保障、および国内治安の安定である。このいずれにおいても、情報通信技術は活用できる。

経済発展におけるデジタルエコノミーの推進、安全保障のための軍備の近代化、国内治安安定のためのサイバー空間の利用規制など、中国が提供できる技術やプラットフォーム、制度は揃っている。そのため、デジタルシルクロードは技術やプラットフォーム、制度の国際化を推進するための戦略であることがわかる。

5. 地政学：インフラの確保、周辺地域の緩衝地帯化

(1) 情報通信技術の利用には地理的な制約がある

情報インフラの整備は、地理的・経済的な制約を伴うことから地理的に集中する。通信回線やデータセンターなどが設置できる場所は、地震などの自然災害が少なく、安定して平坦な地盤の上などの地理的条件が整うことが必要である。加えて、十分な電力の確保が可能であることや経済的効率性を考慮する必要がある。例えば海底ケーブルの敷設の場合、ケーブルを敷設する海底の地形や陸揚げのための緩やかにつながる斜面、漁業活動との利害関係の調整、陸上のデータセンターとの距離などを考慮する必要がある。

そのため、新規にすべてを構築するよりも、既存の回線を増設する方が経済的であり、地理的に集中することから、先に整備された通信インフラの近くに追加で整備することにメリットがある。

なお、サイバー空間においてやりとりされる情報も地理的に集中する。企業が提供するソーシャルメディアや動画などの情報は、米国を中心とした通信ネットワークを介して各国の利用者に提供されるので、米国に集中する傾向がある。例えばGoogleは米国からアジア地域へ情報を配信するため、太平洋を横断する海底ケーブルの敷設を行っている。その背景には、アジアにおける動画などの大容量コンテンツの需要があり、他社の通信回線よりも有利な条件で通信できる自社の通信回線で消費者に近いところまでコンテンツを届けるほうがコストを低減できる事情がある。また、総務省の統計によれば、日本と海外の通信量をみると海外から流入する通信量が、日本から海外に出て行く通信量を超過する状況が15年以上続いており、その差は拡大している。[64]

一方、集中を回避するために情報を配信するサーバを分散して配置し、通信を効率化させるコンテンツ配信ネットワーク（Contents Delivery Network：CDN）などの技術が導入されているが、状況の改善に到っていない。

(2) 中国にとって通信インフラのボトルネックであったアジア

サイバー空間と中国の地政学的な条件を考えると、東南アジアと南アジアは通信インフラのボトルネックとなる重要な地域である。通信インフラの面からみると、中国は東側の沿岸部から南シナ海・太平洋に敷設されている海底ケーブルへアクセスしており、太平洋またはマラッカ海峡を通じて欧州にアクセスしている。南西側は、インド・パキスタンによってインド洋・アラビア海へのアクセスが制限されている。ユーラシア大陸に陸上の通信インフラはあるものの、多くの国を通過する必要があり、敷設や運用にかかるコストや、切断される可能性が海底ケーブルよりも高い。そのため、東南アジアのマラッカ海峡と南アジアのインド洋へのアクセスは、中国のインターネットアクセスにおける要衝ともいえる。

そこで、中国はインドシナ半島を縦断する鉄道・道路インフラに沿った通信インフラや、CPECによりインド・パキスタン・中国間の対立が絶えないカシミール地方を抜ける道路インフラに沿わせた光ファイバー網を整備することで、ボトルネックを解消しつつある。

中国にとってのデジタルシルクロードのメリットは、中国周辺国を緩衝地帯化して安全保障上の脅威に対抗できることと、外交上の仲間づくりにある。経済面における中国の台頭は、周辺国と中国の貿易を拡大させ、技術的・経済的な依存関係を強化するだろう。すると、中国周辺地域の国々は、中国から経済的な利益をより多く獲得しようと、経済・安全保障のバランスのとり方を変える必要性が出てくる。

中国周辺のユーラシア大陸にある国々の多くは、権威主義的な国であることも中国にとって有利である。ベトナム、カンボジア、ミャンマー、ラオスなどの国は、権威主義国家でありつつ高い経済成長を成し遂げた中国を、目指すべき方向の一つと考えるだろう。中国にとっては、東南アジア地域の模範となることが、日本、米国、オーストラリア、インドなどに対する緩衝地帯を周辺につくり出すことにつながり、中国の意見を地域の意見として発信することで外交力の向上につながる。

(3) なぜ地政学でみる必要があるのか

国際通信における代表的な通信設備は、回線容量からみて海底ケーブルである。その他にも通信衛星、短波、マイクロ波、陸上ケーブルがあるが、いずれも海底ケーブルと比較して容量が圧倒的に小さい。これらは一国のみにより運営されるインフラではなく、二国間または多国間の共同事業として運営されている。そのため通信インフラの運営には、複数国の官民の協力が欠かせない。

ハートランドにおける通信の難しさ

地理学者のマッキンダー（Halford Mackinder）は、地政学上重要な地域としてハートランドを指摘した。ハートランドはユーラシア大陸の内陸部であり、この地域を制するものが世界島を制するとしたのだ。

ハートランドにおける通信は、陸上の光ファイバー、無線もしくは、通信衛星を利用する。この両者ともハートランドの国にブロードバンドアクセスを提供できるが、困難を抱えている。通信衛星の難点として、利用者数とコンテンツに対して通信容量が小さすぎることと、天候や利用条件によって安定的な通信が難しいことが挙げられる。

近年のインターネットを利用したサービスは、低遅延大容量のネットワークを前提としており、地上から静止衛星通信の間を往復することによる遅延は避けられない。例えば、静止衛星の場合、静止軌道までの3万5786kmを往復する必要があり、これは地上のケーブルを利用した通信よりも長い距離であり、遅延が約20倍になる。[65] また、民間企業が複数の低軌道衛星をネットワーク化したコンステレーションによるインターネットの提供を検討しているが、通信衛星の維持管理や通信に必要な電波の周波数帯域不足といった困難もある。[66]

一方、陸上の光ファイバーの場合、複数の国を通過するため、回線が通過する国との相互接続に関する費用分担が課題となる。この費用分担や課金に関して、ＩＴＵの電気通信標準化部門（ITU Telecommunication Standardization Sector：ＩＴＵ－Ｔ）は、ガイドラインを作成中である。[67] この検討の中では、一部の国が通信回線の通過に対して過剰な課金をすることや、通信規制をする可能性を視野に入れている。

通信におけるリムランド

マッキンダーがハートランドに着目したのに対して、地政学者のスパイクマン（Nicholas J. Spykman）は、大陸の沿岸地域をリムランドと呼び、その重要性を指摘した。大陸と海の間にあるリムランドは、海底ケーブルへのアクセスにとって重要な地域である。海底ケーブルへのアクセスの容易さは、良好な通信環境の要因の一つである。

ＩＴＵと国連アジア太平洋経済社会委員会（United Nations Economic and Social Commission for Asia and the Pacific：ＵＮＥＳＣＡＰ）の報告書は、海に面した香港、シンガポール、タイ、およびベトナムと、内陸部のアフガニスタン、ラオス、タジキスタン、トルクメニスタンの帯域差が約１００倍あることを指摘している。[68] すなわち、現在の情報通信ネットワークは陸上ケーブルよりも海底ケーブルによってつくられるネットワークに依存していることがわかる。

情報通信分野は地理的条件から逃げることはできない。中国は、通信における複数のボトルネックを抱えており、これらのボトルネックを解消することがデジタル分野を通じた中国の経済的な影響力の強化には欠かせない。例えば、シンガポールのマラッカ海峡は、中国と東南アジアを結ぶ海底ケーブルが集中する場所である。また、中国からインド洋の海底ケーブルにアクセスする場合には、ミャンマーを経由する必要がある。同様に中国は、パキスタンを経由してアラビア海のケーブルにアクセスすることになる。そのため、これらの国々との政治的な関係性が海底ケーブルへのアクセスにおいて重要となる。

第2章　デジタルシルクロードとは何か

1. この章について

この章は、デジタルシルクロードとは何かを、その目的、手法、および問題点から明らかにする。デジタルシルクロードの目的は、中国に対する依存度を高め経済的な利益を確保し、価値観を共有する共同体を通じて国際的な影響力を行使しやすくすることである。

その手法は、中国共産党と政府による戦略・支援、民間企業による技術開発・海外進出・利益獲得、国際的な規範やルール形成がある。一連の手法は、中国の国内における循環と海外における循環とを組み合わせる「双循環」を基に整理することができる。

デジタルシルクロードの問題点は、技術の社会実装に関する価値とデジタルインフラのロックインにある。中国は、広大な国土と多数の人口で、技術と制度を組み合わせて、社会の管理を強化するとともに、経済成長を成し遂げた。情報通信技術は、権威主義国家の体制維持・強化に有用である。そのため、一部の国は、中国の経済発展や社会制度の一部を応用することで、同様の成長を成し遂げたいと考えている。デジタルシルクロードは、経済発展に不可欠な情報通信技術を利用することで受益国と中国のパワーを強化し、諸外国を中国と同じ方向に向くように仕向ける。その結果、中国は良好な周辺環境を得ようとしている。

2. デジタルシルクロードの目的

(1) デジタルシルクロードは一帯一路の情報通信分野における構想である

デジタルシルクロードは、一帯一路の情報通信分野における構想である。まず、デジタルシルクロードの主な目標を整理し、その成立過程を振り返る。

中国政府は、デジタルシルクロードの主要な目標を、デジタル経済における国際協力の深化、一帯一路沿線国の情報インフラの共同構築、情報共有の促進、技術協力の推進、インターネットによる経済・貿易サービスの促進、人文交流の強化を通じた、運命共同体をつくることにあると説明している。

この目標を達成するため、中国は、デジタルシルクロードを通じたインフラ開発だけでなく、自国のサイバー空間に関する価値観を世界に広げようとしている。例えば、中国政府の国家互聯網信息弁公室のウェブサイトでは、中国のサイバーセキュリティ法が国際的なサイバー空間のガバナンスの在り方を提案しているとの記事を掲載しており、自国の制度の優位性を主張している。[69]
また、2019年に開催された「一帯一路」国際協力サミットのデジタルシルクロードサブフォーラムにおいて、中国政府はデジタルシルクロードの目標を政策コミュニケーション、設備の接続性、貿易、資金調達、および人的交流の強化と指摘している。[70]
これを踏まえて本章は、デジタルシルクロードが、中国の情報通信技術を用いた国際化であり、周辺国が中国のインフラ支援や技術への依存度を高めていることを示す。また、これらが中国の推し進める政策の魅力となり、貿易・金融などを通じて影響力を高めていることを示す。

中国は一帯一路関係国と連携して運命共同体をつくろうとしている

デジタルシルクロードは、中国を含む複数国による提案として登場した。2017年12月に中国、ラオス、サウジアラビア、セルビア、タイ、トルコ、およびアラブ首長国連邦は、中国で開催された第4回世界インターネット大会（世界互聯網大会、World Internet Conference：WIC）でデジタルシルクロードを共同発起した。[71]
世界インターネット大会は、中国の国家互聯網信息弁公室が2014年から主催するインターネット上の問題や政策に関する国際会議であり、世界各国の国の代表やIT企業の幹部が出席している。中国政府は、この浙江省の烏鎮（ウーチン）で開催する会議で重要政策を発表することが多く、15年にサイバー空間運命共同体、17年にデジタルシルクロード、18年に集体治理（集団的ガバナンス）を発表してきた。
デジタルシルクロードの目標を達成するため、中国は情報通信技術を通じた政策、設備、貿易、金融、および人的協力関係の構築を行っている。

国家発展改革委員会の林念修副主任は、目標達成に向けたステップとして、一帯一路関係国と協力の方向性を特定すること、補完的な関係に基づく結果の創出、人材育成、およびガバナンスの4点を挙げている。このうち、補完的な関係に基づく結果の創出では、ＡＳＥＡＮとの協力や具体的な取り組み分野を挙げており、中国がデジタルシルクロードにおいてＡＳＥＡＮ諸国との協力を重要視していることがわかる。

具体的なプロジェクトとしては、光ファイバーケーブルや人工衛星によるインフラの共同構築、電子商取引やビッグデータといったサービス分野における連携、スマートシティなどのデジタル経済の発展に向けた協力プロジェクトを挙げている。

金融分野に関しては、国家発展改革委員会が政策銀行である国家開発銀行と提携し、デジタル経済の発展を支援するための開発金融協力協定に署名した。[72] この署名によって中国政府は国外のプロジェクトに対して１０００億元を投資し、ビッグデータ、ＩｏＴ（Internet of Things）、クラウドコンピューティング、スマートシティなどの分野を支援することを決定した。よって中国は、デジタルシルクロードを通じて、これらの重点分野における国際的な補完関係の強化を実現しようとしていることがわかる。

２０１９年以降、中国はデジタルシルクロードの成果を宣伝している。２０１９年4月に「一帯一路」建設工作領導小組弁公室が発表した一帯一路の進捗状況に関する報告は、デジタルシルクロードが一帯一路における重要な要素になったことを指摘するとともに、具体的な取り組みを列挙した。[73] この報告によれば、中国は16カ国とのデジタルシルクロード建設強化に関する協力文書に署名し、49の国と地域との間で85の標準化協力協定に署名している。

また、デジタルシルクロードの目標の一つである設備の接続性に関して、ユーラシア大陸における光ファイバー網を中国－ミャンマー、中国－パキスタン、中国－キルギス、および中国－ロシアに整備すること、ＩＴＵとの協力強化に関する合意に加え、キルギス、タジキスタン、およびアフガニスタンとシルクロード光ファイバーケーブル協力協定を結んだことを明らかにしている。加えて、電子商取引分野でも協力を推進し、一帯一路参加国のうち17カ国は、中国との二国間電子商取引協力メカニズムや、越境電子商取引の巨大なプラットフォームを構築することを明らかにした。

これらの取り組みの特徴は、情報通信以外の分野と組み合わせることが可能な点である。例えば、道路、鉄道、パイプラインなどと光ファイバーケーブルの敷設を組み合わせたり、人工衛星を農業分野で活用したりする。

中国の衛星測位システム北斗衛星導航系統は、米国の全地球測位システム（Global Positioning System：ＧＰＳ）と同様に地球上で自身の位置を測定することができる。一帯一路沿線の30以上の国と地域は、このシステムを交通、土地計画、農業といった分野で利用している。

また、陸上・海底の光ファイバーケーブルは、ヒマラヤ山脈を越えてインド洋・アラビア海に出ており、中国の北側には中国・モンゴル・ロシアの越境陸上光ケーブルシステムを整備している。これらは、中国の高速鉄道技術、原油・ガスのパイプライン、発電・送電網と併せて展開することで、一帯一路沿線国と中国の接続性を高めている。[74]

デジタルシルクロードの重点分野

デジタルシルクロードにおける重点分野は、インフラ整備、次世代技術開発、電子商取引と自由貿易区、金融、および外交とインターネットガバナンスである。

インフラ整備は、地上と海底における光ファイバー網、５Ｇなどの移動体通信、および人工衛星による通信技術がある。次世代技術開発には、量子コンピューティング、人工知能、ＩｏＴなどの先端技術開発があり、中国は国を挙げて研究開発を行っている。

重点分野のうち電子商取引と自由貿易区に関しては、中国国内で培ったプラットフォームを世界に展開することで電子商取引における存在感を高めようとしている。具体的には、中国政府はインフラ整備、電子商取引、自由貿易区を組み合わせられるよう中国企業を支援しており、外国政府と一体となって一帯一路によって整備した道路や鉄道による物流と通関施設を電子商取引と統合する自由貿易区を海外に設置している。

なかでも金融、および外交とインターネットガバナンスは、中国が影響力を拡大しようとする分野である。金融分野では、中国は金融機関が利用する国際的な決済基盤整備によって西側諸国の中国に対する影響力を低減しようとしている。また、中国企業は、モバイル決済やオンラインで融資をうけるデジタルレンディングといったフィンテックで新たな市場を海外で開拓している。

外交とインターネットガバナンスでは、中国が新たなルールをつくるべく、多国間または二カ国間でその推進に向けた活動をしている。世界各国がデータ利用に関するルール整備を主導しようとしている中で、中国もデータ保護に関する法律の施行やデータ主権など新たな規範の提案を行うことで、国内外に影響力を行使しようとしている。そのため、デジタルシルクロードは、産業界だけでなく、世界各国の情報通信の利用方法にも影響を与えるほど大きな存在となっている。

一帯一路と情報通信

なぜ中国は一帯一路において情報通信分野に注目したのか。以降では、一帯一路と情報通信の関係性について述べる。

中国政府は1999年に対外投資の拡大と、中国企業の産業力・ブランド力強化を目指した海外投資戦略「走出去」を発表した[75]。中国経済は、この戦略と安価な労働力により海外市場に進出し成長を続けた。その後、世界経済は2008年の世界金融危機によって大きな変化を迎えた。中国は、この世界金融危機に伴う外需の縮小に対応すべく、内需促進政策を推し進めることで、さらなる経済成長を維持した。しかし、内需促進政策によって中国国内は深刻な生産能力過剰状態に陥った。この過剰生産能力を解消すべく行われてきたインフラ輸出と周辺国の開発を構想化したものが一帯一路である。

一帯一路は、習主席が2013年9月にカザフスタンのナザルバエフ大学で行った講演と同年10月にインドネシア国会で行った演説を経て、14年11月10日にAPEC首脳会議で提唱した経済圏構想である[76]。一帯一路は、中央アジア、ロシアを経て欧州につながるシルクロード経済ベルト（一帯）と、東南アジア、インド洋、ペルシャ湾を経由して欧州につながる21世紀海洋シルクロード（一路）から構成されている。

シルクロード経済ベルトには6つの経済回廊（中国・モンゴル・ロシア経済回廊〈China-Mongolia-Russia Economic Corridor：CMREC〉、新ユーラシアランドブリッジ経済回廊〈New Eurasian Land

図表２−１　一帯一路における陸の経済回廊

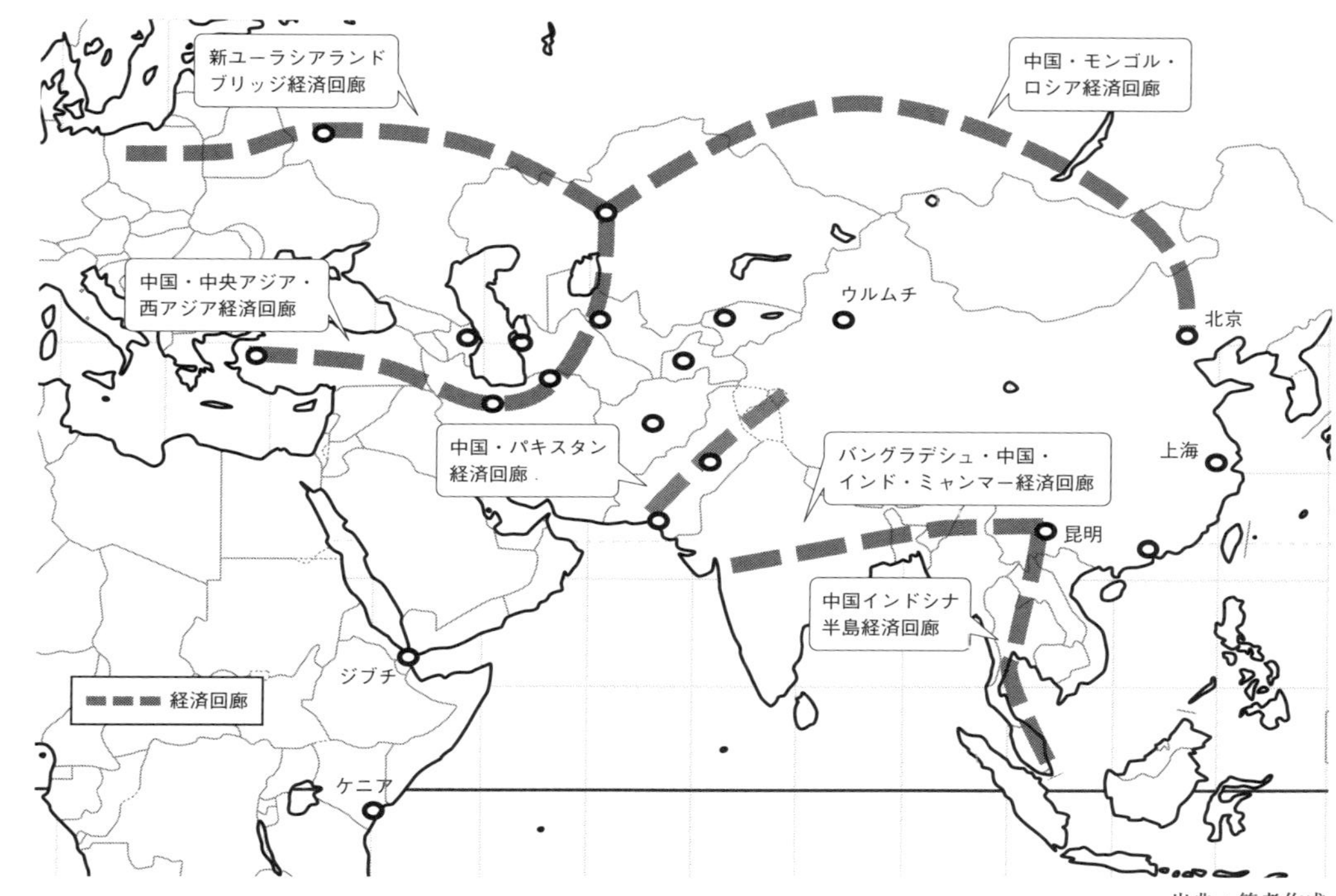

出典：筆者作成

Bridge Economic Corridor：ＮＥＬＢＥＣ〉、中国・インドシナ半島経済回廊〈ＣＩＰＥＣ〉、バングラデシュ・中国・インド・ミャンマー経済回廊〈Bangladesh-China-India-Myanmar Economic Corridor：ＢＣＩＭＥＣ〉、中国・パキスタン経済回廊〈ＣＰＥＣ〉、中国・中央アジア・西アジア経済回廊〈China-Central Asia-West Asia Economic Corridor：ＣＣＡＷＡＥＣ〉）が含まれている（図表２－１）。

２０１３年から14年にかけて習主席が一帯一路を表明した際、情報通信分野は明示的に注力する分野ではなかった。しかし、中国は情報通信分野の着実な成長を認め、海外戦略「走出去」を支える重要な分野として位置付けた。情報通信分野への注力は、国家発展改革委員会が２０１５年３月に発表した「シルクロード経済ベルトと21世紀海上シルクロードの共同建設推進のビジョンと行動」における情報シルクロードの構築として表れている[77]。

このビジョンと行動は、一帯一路における情報通信分野への注力を明確化し、通信インフラの整備を進める方針を示していた。具体的には、ビジョンと行動は、「国境を越えた光ケーブルなどの通信幹線ネットワークの建設を共同推進し、国際通信相互連結の水準を高め、シルクロードの情報の流れを円滑化する。二国間の越境光ケーブルなどの建設推進を加速し、大陸間海底光ケーブルプロジェクトの建設を計画し、空中（衛星）情報の通路を整備し、情報の交流と協力を拡大する」と宣言しており、デジタルシルクロードにおいて光ファイバーケーブルと通信衛星を利用したネットワークを整備することで、一帯一路関係国との関係を強化する方針を示していた。

また、２０１６年以降になると一帯一路関連の政策文書は、情報通信分野の重要性を指摘するようになる。２０１６年に科学技術部、国家発展改革委員会、外交部、商務部による「一帯一路」建設における科学技術革新協力の推進についての特定計画は、情報通信分野を重点分野として明確化した[78]。さらに工業情報化部の直属組織である中国情報通信研究院（中国信息通信研究院、China Academy of Information and Communications Technology：ＣＡＩＣＴ）は、一帯一路を通じた情報通信産業の海外進出を加速させるべきとの声明を発表している[79]。

(2) 中国の情報通信分野への注力

中国の科学技術政策と情報通信技術

中国の情報通信分野への注力は、電子・情報産業分野の振興、国内における社会の情報化、海外への進出の観点からわかる。中国は、改革開放以来、科学技術政策や産業政策の一環として電子・情報産業分野の振興を推し進めた。中国は１９８０年代からハイテク技術の一つとして情報通信技術に注力し、90年代以降には国内のインフラ整備や情報化を推し進めた。２０００年代以降には、情報通信分野は中国の海外戦略の柱の一つとなっていく。

中国の科学技術政策は、目標や資源配分などを政府が決定する政府主導型の政策である。政府主導型の技術開発では、中国共産党が主導して方針を決定し、中国政府が組織をつくり、企業が事業を展開する。企業は政府方針に従うことで、補助金を得たり、税制上の優遇措置を受けたりすることができる。

中国は、情報通信技術においても政府主導型の技術開発・事業展開を志向している。１９７８年の改革開放以来、指導者の認識、政府の組織、戦略目標、および関連する政策は、情報通信分野への注力を表しており、産業振興や情報化という形で具現化している。

そこで、まず情報通信技術に対する中国の指導者たちの認識を考察し、組織、戦略目標、政策における情報通信技術の重点化を振り返る。

中国の指導者たちは、先進国の経験に基づく、科学技術の重要性を認識していた。改革開放を主導した鄧小平は、1978年3月に中国共産党中央委員会が開催した全国科学大会において、科学技術は第一生産力であるとの認識を示すとともに、コンピュータが生産の自動化に大きく寄与し、労働効率を高めることを指摘していた。[80] また、国務院副総理であった李鵬は、1986年8月26日に行われた全国コンピュータ応用工作会議において、情報システムの開発と構築、通信ネットワークの潜在力を引き出すことの重要性を語っていた。[81]

これらの発言は、後の中国のハイテク戦略である国家高技術研究発展計画（863計画）における情報通信技術の重点領域化につながる。1986年3月に鄧は、中国共産党中央委員会および国務院に対して、海外のハイテク技術政策に追いつくべく、863計画の準備を指示した。1986年10月に中国共産党中央委員会政治局拡大会議は、863計画を可決し、中国政府は15年間で100億元の研究資金をバイオ、宇宙、情報通信、レーザー、自動化、エネルギー、および新材料に投じることを決定した。これ以降、中国は情報通信分野への注力を本格化する。

2003年に胡錦濤主席が発表し、後に中国共産党の主要方針となる科学的発展観と関連する一連の政策は、中国共産党が情報通信技術を含む先端技術の重要性を認識したことを示している。科学的発展観とは、経済、社会、政治、文化、生態環境などにおける全面的な発展と協調のとれた持続可能な発展を目指す概念である。[82]

国務院は科学的発展観に基づき国家中長期科学技術発展計画綱要（国家中長期科学和技術発展規劃綱要、2006～20年）を作成し、政府が15年にわたって重点的に支援する分野を決定した。[83]情報通信分野は、この綱要における11の重点領域、重大特定プロジェクト、8分野の先端技術と基礎研究に関連する項目に含まれており、中国が情報通信を単独の技術分野としてだけでなく、他の技術分野を支える技術としての重要性を認識したことを示している。

2012年11月に最高指導者となった習主席は、社会の情報化を強化するだけでなく、中国のサイバー空間に対するアプローチを世界に拡大しようとしている。2018年4月に開催された全国網絡安全和信息化工作会議で、情報化は中華民族に千載一遇のチャンスをもたらしたと指摘し、サイバー・情報分野の軍民融合を強化し、サイバー空間のグローバル・ガバナンスにおいて主導的な役割を担うことを表明しつつ、独自開発でネット強国の建設を推進することを発表した。[84]

山口信治によると、習主席の対外政策の特徴は、積極性・主導性の強調である。[85]習主席は、良好な周辺環境を勝ち取るという考え方に基づき周辺外交を展開しており、デジタルシルクロードはそのための手段となっている。

組織にみる情報通信技術への期待の高まり

中国共産党と国務院の組織編成は、中国の情報通信技術への期待の高まりを示している。改革開放以降の情報通信分野に関する組織の規模や位置付けをみると、トップダウンによる指導に加えて、近年では専門家によるボトムアップ型の政策によって詳細な計画を立てていることがわかる。その理由として、中国は専門性の高い分野では研究者などの専門家の意見を尊重することが指摘されている。[86]

まず、1982年に国務院は、コンピュータと大規模集積回路に関する指導グループ（計算机与大規模集成電路領導小組）を組織し、中国で開発するコンピュータと小型コンピュータの選定基準を決定した。[87] 1984年に国務院はコンピュータと大規模集積回路に関する指導グループを電子振興指導グループに改組し、李鵬副総理がグループ長に就任した。その後、情報通信技術に関する組織は、中国共産党による一元的指導を目的とした国家信息化工作領導小組、実務を担う国家信息化弁公室、情報化に向けた提言を行う国家信息化専家咨詢委員会に発展していく。情報通信分野は、副総理がリーダーシップをとる分野となった。

2000年代以降は、中国共産党指導部は情報通信技術が工業、農業、国防、科学技術の4部門の近代化（四箇現代化）において重要な役割を担うことを認識し、国務院に情報通信技術の推進に取り組む組織を設置した。

2012年11月に開催された中国共産党第18回全国代表大会の報告書は、「工業化、情報化、都市化、農業近代化の同時発展を促進する」ことと「情報化と工業化の深い統合を促進すること」の必要性を指摘した。これは、中国において四箇現代化と情報技術の統合が成果を上げており、さらなる強化が必要であると中国政府が認識したことを反映している。

また、2000年代以降、中国はインターネット上のコンテンツに関する規制に注力する。中国政府は遅くとも2002年にはアクセス先やコンテンツに対する規制を行っていたことがわかっており、その後もその手法は進化を続けている。[88]

さらに、中国は情報通信分野における指導を強化し、サイバーセキュリティを重視した。2011年に国務院は、広報機関である新聞弁公室に国家互聯網信息弁公室を設置し、インターネットにおける情報発信のガイドライン、関連する法制度の確立、コンテンツ管理を行う方針を示した[89]。この動きは、工業情報化部や文化部に分散していたインターネットに関する権限を統合するものであった。その後、情報通信分野は最高指導者が指揮をとる分野となり、習主席は党中央によるサイバーセキュリティと情報化の推進に向けて、2014年に中央網絡安全和信息化領導小組（中央ネットワーク安全・情報化指導小組）を組織する。

中央ネットワーク安全・情報化指導小組は、中国におけるサイバーセキュリティ政策の中心的な組織となった。2016年12月27日、中央ネットワーク安全・情報化指導小組と国家網絡信息弁公室はサイバーセキュリティ戦略を発表した[90]。戦略では中国のサイバー空間における原則、戦略的課題を示している。

同文書では、サイバー空間における原則として、主権の維持尊重、平和利用、法による管理の推進、セキュリティと発展の両立を掲げている。また、戦略的課題として主権の徹底的な守り、安全の維持、重要情報インフラの保護、ネットワーク文化の強化、サイバーテロと違法行為への対策、ネットワークガバナンス体制の整備、セキュリティの基礎固め、防御力の引き上げ、国際協力体制の強化が記載されている。

これらの記述は、中国が主張を行ってきた内容を整理したものであり、主権や安全保障面における国際的なルールづくりに参画する姿勢は、デジタルシルクロードにも引き継がれている。

図表2－2　情報通信分野における中国政府の動き

日付	中国政府の動き
1982年10月4日	国務院はコンピュータと大規模集積回路に関する指導グループ（計算机与大規模集成電路領導小組）を組織
1984年9月	国務院はコンピュータと大規模集積回路に関する指導グループを電子振興指導グループに改組し、李鵬副総理がグループ長に就任
1986年2月	国務院は国家経済情報システムの構築に向けた国家経済信息管理領導小組を設立[92]
1993年12月10日	国務院は国家経済情報化合同会議を設置
1996年4月	国務院は国家経済情報化合同会議を国家信息化工作領導小組に改組
1999年12月	国務院は国家信息化工作領導小組（リーダー：呉邦国副総理）、実務を補佐する計算机網絡与信息安全管理工作弁公室、国家信息化推進工作弁公室を設置、計算機2000年問題応急工作弁公室、国家信息化専家咨詢組を設置
2001年8月	国務院は国家信息化工作領導小組について朱鎔基首相をリーダー、政治局常務委員2名と政治局員2名を副リーダーとして改組する。また、国家信息化弁公室を設置する
2001年8月	中国共産党中央委員会と国務院は国家信息化工作領導小組と国家信息化専家咨詢委員会の設置を承認
2003年	温家宝首相が国家信息化工作領導小組のリーダーとなる
2008年7月	工業情報化部を設置、国家信息化弁公室の業務を引き継ぐ
2011年5月4日	国務院が国家互聯網信息弁公室を設置することを決定
2014年2月27日	習近平総書記をリーダーとする中央網絡安全和信息化領導小組が発足
2018年3月	中央網絡安全和信息化領導小組を中央網絡安全和信息化委員会に改組

出所：筆者作成

2018年3月、中国共産党中央委員会は「党と国家機関の改革深化」を発表し、中央ネットワーク安全・情報化指導小組を中央網絡安全和信息化委員会（中央ネットワーク安全・情報化委員会）に改組した[91]。指導小組から委員会への改組は、中国共産党が情報通信分野により強く関与することを反映している。

五カ年計画における情報通信技術の位置付け

中国が情報通信分野を重視していることは、戦略目標と産業政策からもわかる。中国は、ソビエト連邦の計画経済を模倣して1953年から5

年ごとの長期政策である五カ年計画を発表している。この五カ年計画は、中国の情報通信に関する重点が電子・情報産業の強化から社会の情報化へと拡大したことを示している。

改革開放後の中国の五カ年計画は、電子・情報産業の強化に重点を置いていた。１９８０年代から90年代前半までの第６次五カ年計画（81～85年）、第７次五カ年計画（86～90年）、および第８次五カ年計画（91～95年）は、電子・情報産業の戦略目標や電子・情報産業政策といった表現で、情報通信技術を産業分野の一つとして位置付けていた。

この後、中国は情報通信技術の重要性を五カ年計画に反映し、第９次五カ年計画（１９９６～２０００年）において情報化に初めて言及した[93]。この頃から、中国は電子・情報産業だけでなく、ブロードバンドなどのインターネット利用に必要な通信インフラの整備を目標に掲げ、国民経済の情報化を重要視していく。

２０００年代に入ると、中国共産党は国民経済と社会の情報化の重要性を訴えた。２０００年に中国共産党中央委員会が決定した第９次五カ年計画策定における建議では、その後５年間の政策目標を設定し、国民経済と社会の情報化を優先的に推進することを掲げた[94]。その領域は金融、財務・税務、貿易、ネットワークサービスなどのサービス分野を視野に入れており、それまでの電子・情報産業よりも広い範囲を対象としている。第10次五カ年計画（２００１年～05年）は、通信インフラ整備に加えて、国民経済と社会の情報化、工業化と情報化を結びつけること、情報化で工業化を促進することで生産力を向上させることを掲げている[95]。

情報通信技術の社会実装

２０００年代後半になると、中国は情報通信技術の社会への実装方法を検討し始めている。例えば、インターネット上の情報は、中国にとって体制の不安定化の要因になり得る。そのため、第11次五カ年計画（２００６～10年）は、情報化について、製造業のＩＣＴ化、ＩＣＴ資源の開発、インフラの改善に加えて情報セキュリティの強化を掲げた[96]。

また、中国は、中核的な技術を国内で開発し、知的財産権を確保することは自主的な発展に欠かせないとの認識を示している。２００７年に国家発展改革委員会が発行した「ハイテク産業発展の『第11次五カ年計画』」は、ハイテク産業の牽引役となるコア技術の開発の重要性を指摘している[97]。特に、この計画は、中国が、中核となる製品の入手を長期的に輸入に頼っており、それが技術的なボトルネックになっていると指摘している。この点は、中国が自身の弱点として現在も認識している点である。

また、国家発展改革委員会は、情報化に向けた行政の役割について、制度の改革、法律などの整備、情報化への投資、インターネット管理の強化を挙げていた[98]。そのため、２０００年代後半は、中国が情報通信技術を経済発展に活用するだけでなく、社会の管理に活用する方針を固め始めた時期といえる。

さらに、２００６年に中国共産党中央弁公庁と国務院弁公庁は、情報化の長期戦略である国家情報化発展戦略（06～20年）を発表した[99]。この戦略は、国民経済の情報化の促進、電子政府の推進、ネットワーク文化の構築（コンテンツの規制）、社会の情報化促進、情報インフラの整備、情報資源の開発・活用、情報産業の競争力強化（コア技術のボトルネック解消）、情報セキュリティ保証制度の整備、人材育成を戦略的な焦点として掲げた。中国が情報化に関する戦略を策定したことは、情報通信分野が科学技術政策の一部ではなくなったことを示している。

この計画はコンテンツの規制を通じた社会の管理や、技術的なボトルネックの解消に関する項目を目標として含んでおり、この二点は後の戦略にも引き継がれていく。

第12次五カ年計画（２０１１～15年）は、情報化の全面的な水準の向上を目指し、ハイテク産業だけでなく、サービス分野にも注力する方針を示した。[100] また、第12次五カ年計画は、次世代情報インフラの構築や経済社会における情報化（電子商取引や行政サービスなど）の促進、ネットワークセキュリティやインターネットの管理強化を掲げている。２０１０年頃までに中国は、投資主導型から消費主導型の経済成長を目指す方向に変わっており、第12次五カ年計画における目標達成を通じて情報通信と製造業との深化を目指した製造強国の方針を明確化した。

第12次五カ年計画の発表を受けて、中国政府の各機関は、各目標を達成するための具体的な計画を策定した。その一つとして、科学技術部は、経済社会発展のコアとなるインフラ整備、ネットワーク技術の改良、コア技術獲得のための新興産業育成、サービス産業の育成を通じた構造転換を目標とした国家ブロードバンドネットワーク科学技術発展十二五特定計画を発表した。[101]

また、中国のサービス分野への注力は、インターネットと他分野との統合や開発に向けた政策として表れている。国務院が２０１５年に発表したインターネット＋行動計画（〝互聯網＋〟行動計画）は、経済の革新を目指して、インターネットを利用した幅広い新しい形の経済社会を形成することを目指した政策である。[102] このインターネット＋行動計画は、インターネットと他の産業分野を結びつけることを意味しており、インターネット＋「金融」、インターネット＋「医療」、インターネット＋「物流」といった言葉で既存の分野にインターネットを組み合わせ、情報化を通じて社会に新しい潮流をつくっていこうとするものである。

(3) サイバー強国化とデジタルシルクロードの形成

第13次五カ年計画によるサイバー強国化

第13次五カ年計画（２０１６～20年）は、情報通信分野の記述が大幅に増え、多くの関連する計画を生み出した。[103] 第13次五カ年計画は、これまでよりも高度なインフラの整備、サービス産業の育成、他分野の統合、情報セキュリティの強化を求める内容となっている。中でも、利用者数などにおいて規模が大きいネット大国からネット強国となることを宣言しており、第12次五カ年計画と比較し、多くの情報通信関連の目標を記載している。

さらに、中国共産党と中国政府は情報化に関する長期的な計画を更新した。中国共産党中央弁公庁と国務院弁公庁は、国家情報化発展戦略綱要を発行した。[104] 中国共産党は、この綱要が新たな情勢に基づく国家情報化発展戦略（２００６～20年）の調整・発展であり、情報化分野の計画・政策制定のための重要な根拠と位置付けている。

その内容をみると、ネット強国の建設を目標とし、国家の情報化による発展能力の強化、情報化の水準向上、情報化環境の最適化に力を入れることを掲げている。また、この綱要は情報化における主導権を握るために、国際的な競争力を手に入れることを目標に掲げている。さらに、デジタルシルクロードの前身であるオンラインシルクロード（網上絲紬之路）を早期に完成させ、情報通信技術や製品、インターネットを利用したサービスの国際競争力を大きく高めようとしている。

中国政府は、第13次五カ年計画に基づく情報化やネットワークセキュリティ、イノベーション、人工知能に関する複数の詳細な計画を発行した。その計画の一つが、国家イノベーション駆動発展戦略綱要（２０１６～30年）である[105]。この戦略は国家中長期科学技術発展計画綱要（２００６～20年）の更新版であり、中国が20年までにイノベーションを通じて、ややゆとりのある社会という意味の小康社会をつくることを目標としている。

また、この戦略は、中国の特色ある国家イノベーションシステムを構築するための重点項目を挙げている。この重点項目は、次世代情報ネットワーク、スマートシティ・デジタル社会技術、現代型サービス業に関する技術などであり、これらの重点化によってイノベーションを通じて新たな優位性を確保しようとする中国の姿勢がわかる。

情報通信分野の重点化とオンライン・シルクロード

中国国務院は２０１６年12月５日に第13次五カ年計画と国家情報開発戦略綱要を受けて、これらの具体的なアクションプランとなる国家情報化計画（〝十三五〟国家信息化規劃）を作成した[106]。この計画は、中国政府の情報化に向けた具体的な取り組みを列挙したものであり、デジタルシルクロードの原型となっている。そして、第13次五カ年計画中の情報化をイノベーションの推進や競争力向上に向けた戦略的好機と捉え、中国がネット強国になることを目指すと示していた[107]。

この国家情報化計画は、デジタルシルクロードの原型である。この計画が発表された２０１６年時点においてデジタルシルクロードという言葉は使われていなかったが、中国共産党は情報通信技術が一帯一路において重要な役割を担うことを認識していた。

この計画は、オンラインシルクロードという言葉を使い、インフラや設備の共同開発・共有、ネットワークの相互接続、相互運用性の向上、デジタル経済、政策コミュニケーション、貿易の円滑化、資本の統合、人的交流の促進を掲げている。また、グローバルなインターネットガバナンスにおいては、中国が解決策を提案し、国際的な標準化やルール策定に積極的に関わっていく姿勢をみせていた。

その内容は、第13次五カ年計画の達成に向けた情報技術と産業、情報インフラ、情報経済、および情報サービスにおける課題やその解決方法を列挙し、2020年までにデジタル中国（数字中国）の建設を目指すものとなっている。

また、国家情報化計画の実施を通じて達成する重点項目として74項目を列挙しており、経済における情報通信技術の活用、インフラ整備、サイバーセキュリティ、軍事技術への応用、治安、ガバナンス、技術開発、環境分野への応用、および人材の獲得・育成といった幅広い分野で目標を掲げている。

さらに、この計画は、中国の情報化における欠点として、産業のエコシステムの不完全さ、独自のイノベーションが弱いこと、中核的な技術において制限があることを指摘している。

この計画の実施を支える戦略として掲げているのは、ネット強国戦略（網絡強国戦略）、ビッグデータ戦略（大数拠戦略）、インターネット＋行動計画（〝互聯網＋〟行動計画）、中国製造2025、環境に関連した戦略である。中国はこれらの戦略を通じて情報通信技術を活用し、改革開放の深化と、国家統治システムと統治能力の近代化を目指していた。

欠点を克服するためのプロジェクト

国家情報化計画は、情報化における中国の欠点克服に向けた複数のプロジェクトを列挙している。これらのプロジェクトは、第13次五カ年計画で掲げた目標に対応した技術を列挙しており、中国がこの計画期間中に注力していた技術がわかる。

まず、核心技術超越工程というプロジェクトでは、ハイエンドの汎用集積回路、OS、大容量移動体通信における核心的な技術の獲得を目指している。次に信息産業体系創新工程（情報産業システムイノベーションプロジェクト）は、クラウドコンピューティングとビッグデータ、新世代情報ネットワーク、および人工知能に着目し、高度で安全かつ制御可能な核心技術とシステムを構築することを掲げている。

そして、陸海空天一体化信息網絡工程（陸・海・空・宇宙の統合情報ネットワークプロジェクト）では、ネットワークの拡大について陸上・海底・宇宙を組み合わせ、国際的なインフラを構築することを目指している。具体的には、ネットワークの整備として光ファイバーケーブル網などのネットワーク帯域の拡大や人工衛星を使った情報ネットワークの整備、地理的な重点としてパキスタンやミャンマーからインド洋をつなぐこと、中央アジアから西アジアをつなぐこと、ロシアから中・東欧諸国をつなぐことを掲げている。

また、このプロジェクトは、米国、欧州、東南アジア、アフリカを結ぶ海底光ファイバーケーブルの建設にも積極的に参加し、海上の情報チャネルのレイアウトを改善し、一帯一路沿線国の主要都市にデータセンター、クラウドコンピューティングプラットフォーム、CDNプラットフォームなどの施設を展開することを奨励している。

なお、同計画は、情報通信分野の軍民融合の方針も示している。具体的には、情報通信インフラの共同構築や利用として光ファイバー網と宇宙通信システムの統合を掲げている。この統合のために、国家情報化計画は技術標準の統一や周波数などの資源の活用を呼びかけている。また、軍による民間のデータ利用、国防科学技術産業の振興、軍需主導の技術革新など、人民解放軍が情報通信技術の活用を重要視していることがわかる。

オンラインシルクロードによる国際展開

国家情報化計画において、オンラインシルクロードは中国とASEAN諸国や中東諸国を結ぶインフラ構築や技術協力、人的交流を目指すものであり、後のデジタルシルクロードの布石となっている。具体的には、この計画は中国－ASEAN、中国－アラブ諸国などのオンラインシルクロードの建設を加速させることを掲げている。

中国－ASEANの観点では、東南アジア地域へ陸路・海路でつながる広西チワン族自治区を支点に、中国の西南部、中部、南部をカバーする国際通信ネットワークシステムと情報ハブの構築を加速させ、ASEAN諸国とのインフラプラットフォーム、技術協力プラットフォーム、経済貿易サービスプラットフォーム、情報共有プラットフォーム、人的交流プラットフォームを構築することを掲げている。

もう一つの国際的な視点は、中国・アラブ諸国オンラインシルクロードの寧夏ハブプロジェクトである。このプロジェクトは、中国西北部の寧夏回族自治区を支点として、中国と中東地域の国際ネットワークチャネルの構築を目指している。このプロジェクトには、インフラ構築と経済活動を併せて推進することが盛り込まれており、陸上光ファイバー網の構築、4Gと公衆無線LANの普及、国境を越えた電子商取引における協力を掲げている。

民間企業の国際展開支援もオンラインシルクロードの目的の一つである。この計画は、民間企業の国際展開のために、インターネット企業が一帯一路沿線の国や地域の情報インフラ、主要情報システム、データセンター、海外研究開発拠点の構築に積極的に参加するのを中国政府が支援することを掲げている。

情報通信分野における海外研究開発拠点の構築は、他国の優れた人材の獲得が可能なことから、中国政府が民間支援と人材の獲得・育成策の一つとして重視していることがわかる。併せて、国際情報化計画は複数国による標準化に向けた同盟という記述もあり、国際展開支援を通じた一帯一路関係国と共同での標準化活動を強化する方針を示している。

また、この計画はオンラインシルクロードによるソフトパワーの形成を目指している。計画の中で中国は、インターネット企業と海外企業の協力を促進し、国境を越えたインターネット産業の投資・融資プラットフォームを設立することで、情報化社会における関連規範の研究・策定を主導すると宣言している。さらに、産業的な比較優位性をデジタル経済の主導的優位性に変えるために規範形成に参画するなど、フィンテック企業が海外進出している状況や2020年に中国が打ち出したグローバル・データセキュリティ・イニシアチブ（Global Initiative on Data Security：GIDS）につながる考え方を述べている。

サイバー空間におけるガバナンスへの参画

サイバー空間におけるガバナンスは、中国にとって国内外で重要な課題である。中国は、国内においてサイバー犯罪を取り締まるだけではなく、インターネット企業に対する規制、違法情報拡散の防止に取り組んでいる。

国家情報化計画では、その正当性を広く訴えるために、中国政府が主催する世界インターネット大会をサイバー空間における国際的なガバナンスを議論する場にしようとしていることがわかる。特に計画の中で使われた「サイバー空間における運命共同体」という言葉は、２０１５年の第２回世界インターネット大会で習主席が発表した理念であり、中国がサイバー空間におけるルールを策定するための多国間対話の枠組みをつくっていこうとする姿勢を示している。

中国は、既存のサイバー空間におけるガバナンスへの関与に積極的である。国家情報化計画は、インターネット資源のグローバルな管理を行っているInternet Corporation for Assigned Names and Numbers（ＩＣＡＮＮ）やインターネット技術の標準化を推進する任意団体Internet Engineering Task Force（ＩＥＴＦ）などの国際的なインターネット技術・管理機関の活動に、中国が積極的に参加することを定めている。

衛星測位システム：北斗衛星導航系統

国家情報化計画における宇宙分野の目標の一つは、衛星測位システム北斗衛星導航系統の完成であった。中国は、２０００年から試験衛星を打ち上げ、20年までに59機の北斗用の人工衛星を軌道投入することで全世界向けのサービスを完成させた。この計画では、２０１８年までに一帯一路沿線の国々とその周辺地域に基本的なサービスを提供し、20年までの完成を宣言していた。

国家情報化計画では、中国が北斗衛星導航系統を完成させるだけでなく、中核的な技術の競争力確保や、人工衛星を利用したサービスの国際的な展開が掲げられている。この計画が挙げている中核的な技術とは、消費電力・コストを改善した北斗向けの測位チップの開発、通信や処理能力などとの統合能力である。また、これら技術の応用範囲として、交通、通信、放送、水利、電力、公安、測量・地図、住宅、都市・農村建設、観光といった分野を挙げている。

国際的な展開については、国際的に包括的なサービスを提供するプロジェクトの実施、アジア太平洋地域における北斗の地域基地局と位置情報サービスプラットフォームの展開、国際的な技術提携と複数の特許をまとめて第三者にライセンスするパテントプールの設立が掲げられている。

この計画に沿った宇宙分野の取り組みは順調に成果を上げている。まず、中核的な技術の開発では、2020年8月に北斗の最新世代高精度測位チップを発表しており、その他にも衛星宇宙観測・制御送受信機、北斗＋リモートセンシング世界応用サービスプラットフォームを開発している。[108] これらの技術は、自動運転、無人飛行機、ロボットなど高精度測位が必要な分野で応用可能であり、同技術を活用する企業の国際的な事業展開を支えるだろう。国際的な展開については、2016年1月に中国は、サウジアラビアとの間で北斗衛星導航系統に関する覚書を結び、18年4月にチュニジアに最初の海外基地局を設置した。[109]

スマートシティと規制強化への注力

国家情報化計画は、スマートシティについて、ユビキタスなサービス、透明性があり効率的な政府、デジタル経済、都市ガバナンス、および安全で信頼性の高い運営システムの実現を目指している。第13次五カ年計画におけるスマートシティに関する取り組みは、第12次五カ年計画から続く都市化推進と情報通信技術の組み合わせであり、中規模都市の開発や地方との格差の解消、農村部の貧困緩和、環境保護を実現するための手段として位置付けられている。

スマートシティ実現には、都市の状況を把握するためのデータの収集と共有が重要である。国家情報化計画は、都市の地理空間情報、電力・ガス・水道・交通機関などの公共インフラのデータを集約するクラウド・プラットフォームの構築を掲げている。

このクラウド・プラットフォームは、都市の現状をリアルタイムに把握することで運営を効率化することを目的とし、個別に行われていた行政サービスを標準化し、複数の都市で得られた情報の相互運用性を高めようとしている。

規制の強化に関して、中国は第13次五カ年計画の期間中に多くのサイバーセキュリティやデータ保護に関連した法律の整備や市場に対する規制の強化を実施した。国家情報化計画は規制に関する重点分野として、通信、ネットワークセキュリティ、パスワード、個人情報保護、電子商取引、電子政府、重要情報インフラなどを挙げていた。

中国はサイバーセキュリティに関する法整備を急いでおり、2017年にサイバーセキュリティを強化するサイバーセキュリティ法を施行した。その内容は、監督機関の権限、ネットワークプロバイダの社会的責任、利用者情報の登録、重要情報インフラの安全確保、重要情報インフラの攻撃・破壊に対する罰則、安全保障への協力など幅広い。データの保護に関しても、中国国内外で取り扱うデータの処理を対象としたデータセキュリティ法（数据安全法）が2021年9月に施行された[110]。国家情報化計画における市場に対する規制強化は、中国政府が民間企業への影響力を強める意図を示している。中国政府は、情報通信分野における民間の競争力を高めていきたいと考える一方で、ビッグデータを活用した市場監督メカニズムの導入など、市場の独占を厳しく調査・対処する方針を国家情報化計画で示していた。その対象は利用者だけでなく、インターネットプラットフォーム企業や中小零細企業も含んでおり、これらの企業に対する中国政府の統制がうまくいっていなかったことを反映している。

第14次五カ年計画

第14次五カ年計画（2021〜25年）は、中国が引き続き情報通信技術に注力する方針を示している。2021年3月5日から11日にかけて開催された全国人民代表大会は、経済分野の目標や対策、科学技術などを中国の戦略として定めた第14次五カ年計画および2035年長期目標を承認した[111]。

この計画の指導方針では、革新、協調、環境、開放、および共有を新しい発展理念として掲げている。この中では、強国目標や強国戦略という言葉が使われた点や、第13次五カ年計画のネット強国に加えてデジタル中国の構築を掲げている点が特徴である。

特に、第14次五カ年計画におけるデジタル中国の構築についての記述では、データに関する記述が多くあり、大量のデータを起点とした経済的優位性の確保、スマートシティを想定したサービスプラットフォーム、組織横断的なデータの利用、データに関するルールなどを挙げている。

これらを踏まえると、中国は、デジタル技術を広く社会に実装し社会経済の詳細を把握することと、そこから得られるデータの応用・規制を2025年までに完成させようとしていることがわかる。

第14次五カ年計画は、デジタル化の多面的な推進に向けて、デジタル経済、デジタル社会、デジタル政府、デジタルエコシステムの実現を目指している。デジタル経済については、基幹的な技術の開発や、産業界が主導する分野や既存の産業分野のデジタルトランスフォーメーションを通じた利点の創出を目標としている。

具体的には、プロセッサやクラウドコンピューティング、量子通信といった基幹的な技術、人工知能やブロックチェーン、ネットワークセキュリティなどによるデジタル工業化、製造業や小売業、農業などにおけるデジタルトランスフォーメーションの促進を挙げている。また、第13次五カ年計画は、デジタル経済における産業分野として、人工知能、仮想現実（Virtual Reality：VR）と拡張現実（Augmented Reality：AR）を取り上げている点が新しい。

デジタル社会の構築について、第14次五カ年計画は、デジタル技術と社会生活の統合としてスマートシティや公共サービスのデジタル化を掲げている。この中では、教育、医療、高齢者介護、育児、雇用、文化、スポーツ、障害者支援を主要な分野として、公共サービスの質を高めることや、都市と農村の開発とガバナンスモデルの改革を促進しようとしている。

政府のデジタル化について、人口、企業、地理空間などのデータ共有、政府情報システムの統合やクラウド化、行政サービスの効率化を掲げている。この記述のうち、データの共有に関しては、許可を得た政府以外の第三者が実験的なプログラムに参加しデータの処理や活用することを推奨するとあり、他国でも実施しているオープンガバメントと似た取り組みをしようとしていることがわかる。

その背景には、民間企業の方がデータの処理や活用に積極的であり、データを利用したサービスの展開も早いことがある。そのため、このオープン化は、民間企業の能力を活用したデジタル政府機能の改善を狙っていることを示している。

オープン化の一方で、政府によるビッグデータの活用方法として、動的監視、予測、および早期警告を強化するためのサービスプラットフォーム機能の強化が挙げられている。これは、政府のビッグデータ活用方法の一つである社会信用システムの強化を意味しているのだろう。

デジタルエコシステムの構築について第14次五カ年計画では、中国政府のサイバー空間に対する規制の確立を目指した記述となっている。具体的には、データに関する市場ルールの確立、規制システムの構築、ネットワークセキュリティの強化、および国際ルールの策定を挙げている。

このうち、データに関する市場ルールの確立は、プライバシー保護だけでなく、国家の体制を脅かす事案への対応を視野に入れ、データの所有権、流通、越境、およびセキュリティについて基本的なシステムと標準を確立することを定めている。

また、規制システムの構築については、プラットフォームを提供するインターネット企業に対する監督を強化し、自動運転、オンライン診療、フィンテック、自動配送といった分野を重点分野とした。

ネットワークセキュリティの強化としては、法規制の改善、重要インフラの保護、セキュリティリスクの評価、ネットワーク上の脅威の監視と早期警告、人工知能を用いたセキュリティ技術の開発を掲げている。

国際ルールの策定については、サイバー空間で未来を共有するコミュニティの構築を標榜した。ここでは、国連を主要な議論の場とし、国際的なインターネットガバナンスシステムの確立を目指すとしている。データの保護、サイバーセキュリティインシデント対応、サイバー犯罪のための調整・協力メカニズムの構築、発展途上国へのセキュリティ技術の提供、文化交流を掲げている。

さらに第14次五カ年計画は、一帯一路において、情報通信分野を強化する方針を示している。情報通信インフラの整備に加えて、データ通信、金融、エネルギー、貿易、農業などの領域で、ルールの結合を推し進めるとしており、政策、規則、標準における相互性を高めて一帯一路での協力関係を推進しようとしている。また、金融インフラの相互接続、デジタル経済といった項目も一帯一路の重点分野であることを強調している。

3．デジタルシルクロードの手法

⑴ インフラ輸出からエコシステムの拡大へ

デジタルシルクロードは中国の情報通信技術を用いた国際化である

中国は、デジタルシルクロードの推進を通じて商業的・文化的な国際化を目指している。この国際化は、インフラ整備、インターネット上のプラットフォームの拡大、および国際ルールや規範といった複数の手法を用いて進展し、中国にとって良好な周辺環境を提供することにつながる。

中国は、デジタルシルクロードによって国際化を推進している。情報通信技術はインフラの輸出だけでなく、中国による世界的なビジネスのエコシステムの拡大に利用されている。習主席は２０１７年のダボス会議において、世界に開かれた自由貿易圏ネットワークの構築を宣言した[112]。この自由貿易圏ネットワークを支えるのがデジタルシルクロードである。

デジタルシルクロードは、一帯一路構想における道路、鉄道、港湾などのインフラ整備と通信インフラの整備により、電子商取引のプラットフォームをつくることに大きく寄与した。さらに国際的な決済ネットワークシステムを整備することで、物流と金融（モノと金）における影響力を拡大している。

さらに、デジタルシルクロードは、文化的な側面においても中国の国際化を推進している。デジタルシルクロードによって整備された通信インフラを通じて、中国企業が保有する世界中のデータセンターでオンライン上の社会的・商業的・文化的なエコシステムが形成されている。

発展途上国にとって、デジタルシルクロードによってもたらされる携帯電話網などの通信インフラは、経済的な発展に欠かせない。また、中国企業は、通信インフラを利用したソーシャルメディアや電子商取引において存在感を示している。このことから、デジタルシルクロードは、サイバー空間のインフラとエコシステムを整備する包括的な国際化推進構想といえる。

例えば、テンセント（騰訊、Tencent）が運営するソーシャルメディアWeChat（微信）は、２０１８年末時点で、利用者数が10億人で、１日あたり４５０億メッセージを交換している。利用者の多くは中国語圏の人々であり、Facebookの22・7億人、Twitterの３・35億人、LINEの２・17億人と比較して多くの利用者がいる。また、２０１３年にテンセントが開始したＱＲコード決済サービス

WeChat Pay（微信支付）は、40カ国以上で利用されている。

利用者拡大の背景には、テンセントが人々の生活に密着したサービスを展開したことにある。WeChat はシステムの多言語対応を行うことで利用しやすいプラットフォームとし、自動翻訳機能を付加することで国境を越えたコミュニケーションを可能としただけでなく、オンライン商取引、その決済機能をも備えている。これによって WeChat は中国をはじめとする利用者間のコミュニケーションには欠かせない社会的・商業的・文化的エコシステムの一部を形成した。

インフラ輸出は国内の過剰生産能力を活用した海外進出である

一帯一路における情報通信分野の存在感が高まったのは、中国国内の過剰生産能力を解消する手段としてデジタルシルクロードが有効であったとの見方もできる。２００８年の世界金融危機に伴い、中国は外需依存から内需促進へ政策の方針を転換した。２００８年11月9日、中国は国務院常務会議での決定として「内需促進・経済成長のための10大措置」を打ち出した。この政策に基づき中国政府は、２０１０年末までに総投資額4兆元の景気刺激策と電子情報産業を含む10大産業調整振興政策を実施した。

その結果、中国経済は比較的安定した成長を維持したが、国内への投資が過熱し、生産能力が過剰状態となった。２０１３年10月15日に国務院は「深刻な生産能力過剰という矛盾の解消に関する指導意見」を発表しており、対応策として海外市場の開拓を含む主要任務を提示した[113]。この指導意見では、海外での通信インフラ建設に向けた中国国内の技術、設備、製品、および規格の輸出を促している。

情報通信分野においても、中国は生産能力が国内の需要に対して過剰な状態であった。例えば、２

015年時点の中国の光ファイバー生産は50%の生産過剰な状態であったといわれている。[114]

その背景には、1990年代以降に中国国内の通信インフラ整備における光ファイバーの需要が急拡大し、国内企業が生産能力を増強したことがある。中国国内で最大の生産能力を有する光ファイバメーカー長飛光織光纜（YOFC）は、国内通信インフラの整備とともに急成長し、汎用の光ファイバーで圧倒的なシェアを持っている。

この汎用の光ファイバーは、特殊用途である海底ケーブルに利用される光ファイバーとは異なり、高速・大容量のシステムや幹線網に用いられる光ファイバーであり、大量に流通する。しかし、国際協力機構（Japan International Cooperation Agency：JICA）の調査によれば、YOFCは営業キャッシュフローと投資のキャッシュフローが赤字であり、多くの不良在庫を抱え、コストに見合わない金額で光ファイバーを提供しているとのことである。[115] YOFCが経営を続けられる理由は、中国政府による補助金にある可能性が高い。

この生産過剰状態を是正するため、中国企業は光ファイバーの輸出に注力した。中国の光ファイバーの輸出量は、2008年から17年までの間に約3倍となった。[116] 先のJICAの調査によれば、4Gの普及に合わせて需要が回復し国内企業が生産設備を増強したが、2018年頃から需要が落ち込み、再び過剰供給であったとの報告もある。そのため、光ファイバーの生産能力は恒常的に生産過剰状態であったと考えることができる。よって、デジタルシルクロードを通じた海外の通信インフラ整備は、中国にとって魅力的な過剰生産能力の活用方法となった。

海外輸出を促進する一方で、中国は国内産業の保護を行っている。中国商務部は、日本と米国から輸入される光ファイバーの材料である光ファイバー用プリフォームに対し、2015年からアンチダンピング措置をとっている。2020年には、中国商務部はこの措置を強化し、国内産業保護の姿勢を明確にした。このような国内産業保護の姿勢に対して欧米は不満を示しており、2020年12月にEUが中国の光ファイバー製造産業に対する補助金について調査を開始した[117]。

(2) 双循環を通じた影響力の拡大

中国共産党による概念の提示と五カ年計画への組み込み

中国の国内産業の強化と海外への影響力行使は、双循環という概念から整理できる。双循環は、中国国内のサプライチェーンを強化することで産業的な優位性を確保し、国内市場を活性化することで海外への依存を減らすとともに、他国に進出することで海外からの資金流入を増やすことを目指す概念である。

この双循環の概念は、第14次五カ年計画と2035年長期目標に組み込まれており、中国の今後5年間の政策の基本的な考え方であることがわかる。第14次五カ年計画は、国内循環に関しては、供給側の構造改革、金融能力の向上、流通システムの改善、および政策的な支援を挙げ、国際循環に関しては、国内市場の大きさを背景とした外国投資と貿易を通じた競争力強化を挙げている。

双循環は2020年以降注目される概念となった。2020年5月14日に中国共産党中央政治局常務委員会は、中国の大きな国内市場の優位性と可能性を発揮し、国内外の双循環を促進する必要があると指摘した[118]。その後、2020年8月24日に開かれた経済社会分野の専門家との座談会において、習主席は双循環について言及し、国内循環を主体として新たな発展を目指すことを表明した。[119] これらの発表では、技術革新やサプライチェーンの強化が需要と供給の拡大をもたらし、国内循環が中国の発展の主体となることを指摘している。

双循環における国際循環は、外国からの投資や技術移転を奨励するだけでなく、国内から海外への国際化を推進している。この国際化は国内で培った製品、サービス、技術、ブランド、および標準を国際的に展開することであり、最終的にその利益を国内に戻すことで循環させようとしている。

この国際循環において大きな役割を果たすのが、税関、物流、マーケティングにおける拠点づくりである。例えば、中国は物流と電子商取引や貿易のデジタル化を組み合わせて新たなモデルを開発することで、貿易を拡大させることを目指している。

その一方で、海外の政治、経済、安全保障といったリスクの防止のために企業に対するコンプライアンス管理の指導を行うことも掲げており、中国政府が企業に対してコントロールを強化する方針であることがわかる。

第1段階：国内への投資・技術開発による循環

中国の双循環による影響力行使はどのように行われるのか。ここでは、双循環による影響力行使を、①国内への投資・技術開発、②海外進出・中国への依存度向上、そして③海外市場から国内市場への投資の回収と影響力行使、という3つの段階に整理する（図表2－3）。

まず、双循環の第1段階は、国内への投資・技術開発による、国内の技術開発や資金の循環である。この段階において、中国政府は、五カ年計画などの政策的な重点化に加え、国内企業に対する投資・

図表２－３　双循環における３つの段階

中国は第11次五カ年計画（2006～10年）以降、海外展開を推進した。
第14次五カ年計画（2021～25年）では、海外からの投資を回収する

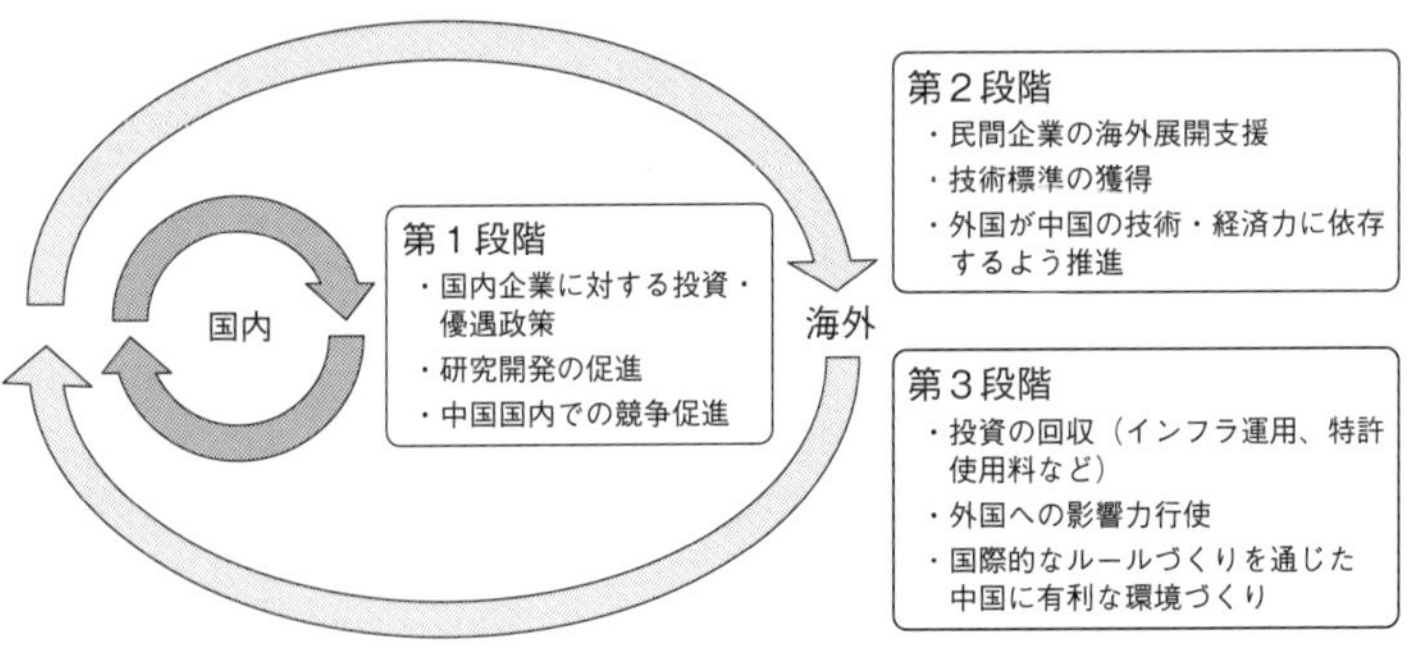

出典：筆者作成

優遇政策や研究開発の促進、中国国内での競争促進によって国内市場の活性化を促す。政策的な重点化は、新たな経済成長の指針を示すだけでなく、政府による企業、大学、研究機関向けの資金助成の配分方針となっている。

例えば、中国政府による産業の重点化政策は、複数の手段で企業や大学、研究機関を優遇している。中国政府は、２０１５年５月に発表した産業政策「中国製造２０２５」において次世代情報通信技術を含む10の重点分野を指定した[120]。佐野淳也によれば、この重点分野に対して、政府機関が企業に対して産業振興補助金の交付、税制上の優遇を行い、政府系ファンドが政府予算以外の経路で企業に資金を融通している[121]。また、科学技術発展のための中国国内最大の公的資金供与機関となっている国家自然科学基金委員会は、２０２０年度に２９５億元の予算を科学技術研究に付与している[122]。その結果、国内企業は資金を確保し、大学との共同研究を通じて技術力を高めることが可能になっている。

しかし、中国はこれらの補助金の透明性を確保してい

ない。世界貿易機関（World Trade Organization：WTO）に加盟している中国は、特定性を有する補助金をWTOに通報する義務がある。経済産業省は、中国がその義務を十分果たしていないことを指摘している。[123]

また、中国は一部の製品やサービスに対する外資の参入規制を行っている。規制対象は、国家発展改革委員会と商務部による外商投資産業指導目録によって定められており、外国企業による投資プロジェクトの内容によって、奨励類、許可類、制限類、および禁止類に分けられている。[124]

中でも参入障壁の高い制限類には送電網、鉄道、電気通信事業者が含まれており、いずれも中国側の持ち分支配とすることが定められている。また、外資の参入を認めていない禁止類には、インターネットニュース情報サービスやオンライン番組視聴サービスが含まれており、中国政府によるコンテンツ規制を反映している。

さらに、サイバーセキュリティ法は、重要情報インフラである公共通信や情報サービスなどの運営者に、中国の等級保護制度に基づく保護措置の適用や当局への協力、または個人情報や重要データの中国国内への保存を規定しており、重要情報インフラ事業への参入障壁は高い。また、重要情報インフラの運営者が調達する製品やサービスは、安全審査を受ける必要があるため、重要情報インフラへの外国製品の納入も難しいだろう。

これらの施策が国内への投資・技術開発を促進し、双循環の第1段階である国内循環を構成する。この国内循環は、中国国内における企業の競争を促進し、第2段階の海外進出する企業の育成につながる。

第2段階：海外進出を通じた受益国の中国に対する依存度の向上

双循環の第2段階は、中国企業や中国由来技術の海外進出と、受益国の中国への依存度向上である。双循環における国際循環のうち、第2段階は、中国から海外へ進出する段階であり、中国政府は民間企業の海外展開支援、技術標準の獲得、および外国が中国の技術・経済力に依存するよう推進する。

民間企業の海外展開支援について、中国政府は、一帯一路を通じて外国政府と交渉、金融支援を行うことで、第1段階で競争力をつけた企業の海外展開を支援する。金融支援を担うのは、中国の政策系金融機関である国家開発銀行や中国輸出入銀行（中国進出口銀行）である。

例えば、中国の国家開発銀行と中国工商銀行は、一帯一路における二国間の合意に基づき、情報通信インフラ整備のためにインドの通信事業者に25億ドルの融資を行うことを決定した[125]。この融資は、インドの通信事業者 Bharti Airtel によるファーウェイやＺＴＥ製の通信機器購入に充てられた。これに先立ち、習主席は２０１４年９月にインドを訪問し、５年以内に２００億ドルの投資をすると表明していた。

この例は、一帯一路に沿った政治レベルの合意が、政府系金融機関による紐付き融資となり、中国企業の受注につながったものである。

デジタル分野において、双循環の第2段階で鍵となるのは技術標準の獲得である。標準化とは情報の処理手順や通信方式を統一することであり、コンピュータ同士をつなぐことを容易にしている。

技術の標準化では、世界中の国や企業が様々な方式を提案、評価し、また意見調整を行いながら、合意を形成していく。特に情報通信分野では、データの形式や通信方法などを共通化する標準化が、システム間の相互接続性や相互運用性を確保することにつながる。そのため、標準化された技術は、社会で広く利用される。

また、標準化は技術内容を公開することで、市場への参入障壁を下げたり、競争促進や大量生産によって機器やシステムの価格を下げたりすることが可能である。中国政府は国内で標準化した技術を、国際展開することを目標として掲げており、中国企業も国際的な標準化組織で活発に活動している。中国企業は情報通信分野で多くの標準化提案を行っており、5Gなどの次世代の通信技術で着実に国際標準に影響を与えている。これによって、中国企業は、国内で磨かれた技術を国際標準として、他国の技術よりも高性能かつ低価格に供給することが可能となる。また、これらは一帯一路による国家間の合意に基づき、受益国のインフラに取り入れられていく。

双循環の第2段階で海外進出を行う例は、通信インフラを活用したプラットフォームビジネスにもある。中国の企業は、ビジネスの海外展開を通じて、標準化の行われていない分野で、業界標準をつくろうとしている。その勢いはフィンテックにおいて顕著であり、例えばアリババは、関連企業のアントグループ（螞蟻集団）のオンラインモバイル決済Alipay（支付宝）を国際的に展開している。

また、アリババは電子商取引プラットフォームの海外展開を進めている。これは、国内でテストを経たプラットフォームの仕組みを海外輸出するものである。アリババは2015年から中国杭州の越境電子商取引総合試験区で、電子商取引における注文処理・決済・物流と税関・検疫をまとめたプラットフォームである、跨境一歩達平台を運用している。ここで中国政府とアリババは、税関や検疫局と越境電子商取引を組み合わせた仕組みをつくり上げた。従来の仕組みは、輸出入にかかる通関手続き、一時保管のための倉庫手配、または輸送手段の手配などに時間がかかっていた。一方、この仕組みによって中国政府は、注文情報を基に税関や検疫といった輸出入に関する監督機能を強化しつつ、手続きを迅速化できる。また、電子商取引を行う事業者と消費者は、手続きが簡素化したことで以前よりも早く国外との商品のやりとりができる。アリババは、この越境電子商取引総合試験区を活用することで海外に輸出可能な仕組みを確立した[126]。

そしてアリババは、この仕組みを海外に展開する。2017年3月、マレーシア政府はアリババと電子自由貿易区（Digital Free Trade Zone：DFTZ）を設立した。このDFTZは、物流ハブを設け、電子サービスプラットフォーム、電子決済・融資、人材育成の機能を併せ持つ、東南アジアにおける電子商取引のハブを目指して、中国杭州の越境電子商取引総合試験区の海外版となったといえる。

一帯一路による物流網の整備が、電子商取引のプラットフォームと結びつくこととなり、この後2019年には、アリババはエチオピア政府と電子商取引プラットフォームの展開に関する覚書に署名し、その影響力はアフリカにも及んでいる[127]。

これらのインフラの輸出と中国企業の海外進出によって、輸出相手国は中国の技術・経済力へ依存するようになっていく。この過程において、標準化された技術は相手国の市場に参入するための突破口となる。その後の展開により生活に欠かせないものとしての地位を確立することで、他のインフラやプラットフォームへの乗り換えコストを上昇させ、相手国は中国との依存関係を強化していく。

依存性の活用は、中国政府の方針になりつつある。2020年4月に習主席は、長期的に中核的な技術の優位性の確保を目指すとともに、サプライチェーンにおける中国への依存度を高めることで対抗策と抑止力にするという方針を示した[128]。この方針は、中国が、依存度の向上が自国の優位性強化につながると認識していることを反映している。さらに中国は、一帯一路関係国の高い依存度を第3段階での投資回収・影響力行使に利用する意図を持っているといえる。

第3段階：海外からの投資回収と影響力行使

双循環の第3段階は、海外進出と依存度の向上を利用した投資の回収と外国への影響力行使である。まず、投資の回収について、中国は、一帯一路によるインフラ輸出や技術提供を通じて構築した諸外国との関係を利用して、投資を回収している。

中国の支援により受益国は、経済発展に欠かせないデジタル分野の技術やインフラ、プラットフォームを安価に調達することができた。この中国と受益国の間の技術的・経済的依存関係は、受益国のインフラを中国以外のインフラやプラットフォームに乗り換えることを困難とするロックイン状態に追い込む。また、中国は技術的・経済的依存関係を通じて、中国国内の過剰生産能力を活用した輸出と国際標準となった技術のライセンス料収入などによって、国内市場に利益を還流させるエコシステムをつくり上げた。

このロックインを確実なものにするため、中国政府は、中国企業によるインフラ整備の契約を、インフラの維持・運用につながるように仕向けている。ロックイン状態にある受益国にとっては、運用中のインフラで利用する機器のすべてを交換することは費用の面から現実的ではない。また、一部の発展途上国は、経済発展に直結する情報通信技術インフラの維持・運用を担える事業者や技術者を擁していないこともある。そのため、受益国はインフラ整備を行った企業に、維持・運用に関する業務を委託することになる。

中国は、双循環の第3段階で回収した利益を、国内市場に投入する。例えば、中国は特許のライセンス料やインフラの維持・運用費用によって金銭的な利益を回収し始めている。ファーウェイは2019年から21年までの特許による収入が、12億ドルから13億ドルになると発表している[129]。これらの一部は、標準規格に準拠する製品の製造に不可欠な標準必須特許のロイヤリティやライセンス料であり、世界中の企業は移動体通信の基地局の建設や関連製品の製造をするたびに特許を持つファーウェイなどの企業にロイヤリティなどを支払う必要がある。これらの収入はファーウェイの研究開発費となり、国内市場に投入される。

また、インフラの維持・運用費用は、中国にとって海外における長期の売り上げを確保する手段になる。情報通信インフラは、構築後に維持・運用が必要である。例えば、障害発生時の問題の切り分けや復旧は、インフラの運用者の技術的な知識に加えて、経験が必要である。そのため、通信事業者は従業員の研修を行っている。これに対して通信機器メーカーは、自社の製品に関する資格制度をつくり、通信事業者の従業員が資格を取得する過程で研修を行う機会を提供している。

インフラの維持・運用を外部に委託する方法もある。この場合は、インフラの運用経験を有する企業に委託することで、保有するシステムに対応できる人材をすぐに用意することが可能となる。中国はインフラを構築する際、維持・運用をパッケージにして契約することで、国内に利益を還流している。

ファーウェイやＺＴＥは、このインフラの構築・維持・運用に関わることで、長期にわたって安定的な売り上げを確保してきた。例えば、米国政府によると、ファーウェイとＺＴＥの機器がフィリピンの通信インフラの８割を構成しているという[130]。また、米国の通信機器メーカーは、競合する中国企業が提供する魅力的な資金パッケージには勝てないとも指摘している。すなわち、中国政府による支援が中国企業の優位性をつくり出し、他社のインフラの構築・維持・運用への参入を阻んでいる事例である。

次に影響力行使について、インフラ整備の契約書は、中国政府による中国企業の指名を通じた政策的な影響力の行使を裏付けている。米ウィリアム・アンド・メアリー大学のAidDataが公開するシエラレオネ政府と中国輸出入銀行の契約書は、光ファイバー回線の設置に関してファーウェイを発注先として指定している。また、この契約はシエラレオネ政府の政策変更を債務不履行事由とし、期限前に償還を求める条項を含んでいる[131]。これらの条項は、中国輸出入銀行の融資が紐付きであり、中国政府がシエラレオネ政府に意にそぐわない政策決定をさせないことを意味している。

この影響力は、ファーウェイとシエラレオネ政府の間のさらなる契約につながっている。シエラレオネにおいてファーウェイは、中国政府の支援を受けて、インフラの構築から運用まで、長期にわたって深く通信インフラに関与している。２０１８年にファーウェイとシエラレオネ政府は、情報通信分野における戦略的なパートナーシップ関係に関する覚書に署名した[132]。この覚書は、ファーウェイが、構築したインフラを活用してシエラレオネにおける情報通信技術を利用した経済発展の促進に協力するものである。

これらの影響力行使は、情報通信インフラだけでなく、それらを利用する情報システムの整備を通じても行われている。米シンクタンクＣＳＩＳのヒルマン（Jonathan E. Hillman）は、ファーウェイは中国輸出入銀行や国家開発銀行とともに海外の政府機関や国営企業を対象にデータセンターなどのクラウドコンピューティング向けインフラや電子政府システムを手がけていると指摘している。[133]これらのシステムは、個人情報や政府の機微な情報を処理・蓄積するため、高度なセキュリティが必要である。

この影響力行使は、経済的な利益の入手だけでなく、国際的なルールや規範づくりにも及んでいる。中国政府は、世界インターネット大会の開催などを通じてサイバー空間における新たなルールを、民間企業、学術界などとともに議論している。２０１５年12月の習主席によるサイバー空間運命共同体の構築の宣言や、中国がインターネットガバナンスに積極的に関与していく姿勢は、国際的なルールや規範づくりの具体的な動きとなっている。

例えば、２０１９年10月の第6回世界インターネット大会では、中国の政府系シンクタンクである中国現代国際関係研究院などが、サイバー空間運命共同体に関する報告書を発表した。[134]この報告書はサイバー空間における国家主権の意味は変わったと主張し、基本原則、実行の道筋、ガバナンスのフレームワークを解説した。また、様々なデータが情報システムで処理されることに伴い、データの保護は各国政府の重要な課題になっている。これに対して、中国は２０２０年9月に「グローバル・データセキュリティ・イニシアチブ」を打ち出し、二国間会合などで積極的に推進している。

(3) 中国共産党と政府による戦略・支援

一帯一路建設における重点分野としての情報通信

一帯一路において、情報通信分野は重点分野の一つとなった。このことは、２０１６年に科学技術部、国家発展改革委員会、外交部、および商務部が共同で発行した「一帯一路」建設における科学技術革新協力の推進についての特定計画からわかる。[135] この計画は、第13次五カ年計画や国家情報化発展戦略綱要を受けてつくられたものであり、一帯一路における科学技術の重点分野を明確化している。

この計画は、一帯一路における科学技術革新協力の長期目標として「五通」（政策コミュニケーション〈溝通〉、施設の共有〈聯通〉、貿易の開通〈暢通〉、資金の自在な流れ〈融通〉、および民心の通い合い〈相通〉）を掲げている。その背景として、世界の経済構造と競争局面がグローバル化、情報化、およびネットワーク化していることを挙げている。これらのキーワードは、中国が一帯一路を通じて周辺国を巻き込み、科学技術に関する人材、情報、資源を集約したいと考えていることを反映している。

また、この計画には、中国が技術などを提供し、一帯一路沿線国がそれらを使うという関係性を意識した記述もある。科学技術協力のための共同研究センターや情報共有プラットフォームを通じて、技術、人材、および情報などの資源を沿線国のニーズとマッチさせると述べており、中国が沿線国のニーズをくみ取り、技術をカスタマイズして供給する関係を念頭に置いている。

そして、この計画は、中国が一帯一路沿線国とともに科学技術重点分野に注力することで、成果と発展の経験を共有し、利益共同体と運命共同体を構築することによる共同での持続可能な発展と繁栄を掲げている。この利益共同体や運命共同体は、政策、貿易、および金融分野における中国と一帯一路関係国の接続性を向上させることを意味している。

情報通信技術はこの計画の重点分野の一つであるが、交通、海洋、航空宇宙、および医療などの他の重点分野を支える存在としても記載されている。情報通信分野においてこの計画が推進する項目は、ビッグデータ、クラウドコンピューティング、ＩｏＴ、スマートシティ、情報セキュリティ、移動体通信といった技術要素に関する項目の他に、越境電子商取引やモバイルインターネットに基づいた消費動向把握、モバイル決済技術といった応用項目も含まれている。他の分野を支える技術に関しては、データ共有基盤やナビゲーション、地球観測、および通信が一体化した航空宇宙総合サービスプラットフォームの構築、モバイル健康・デジタル医療サービスなどを挙げている。

この計画は、政府が誘導し、市場が主導することを基本原則としている。しかし、その前提には、中国共産党によるコントロールの下での重点化政策と政府の誘導がある。すなわち、中国共産党は、国際的な技術協力として政策コミュニケーションを活用して政府間の関係を構築するとともに、市場原理による競争や民間企業の活力を利用した研究開発をしようとしていることがわかる。

さらに、この計画は地方政府の地理的な接続性を活用し、人材交流、課題への対応、および科学技術インフラの共有に関して、前面に立つよう促している点も特徴的である。これは広西チワン族自治区の成功例に基づいている。

広西チワン族自治区は東南アジアに陸と海の両方からアクセスできるため、中国とＡＳＥＡＮの経済協力を包括的に進展させる野心的な構想を発表し、経済発展を成し遂げた。情報通信分野においても、中国ASEAN情報港（中国–東盟信息港、China-ASEAN Information Harbor）という企業を通じて、東南アジア地域におけるデジタルシルクロードを推進している。

益尾は、この地方政府が経済発展を主導し対外関係に影響を与えるモデルを、中国の親が子どもたちに一定の裁量権を与え様々な実験をして、良いものがあれば取り入れるようなものだと説明している。[136]また益尾は、『「一帯一路」は、地方政府などの国内主体が実施してきた対外経済協力の成功例を、新政権がとりまとめ、新たなラベルを貼って売り出したものである」と指摘しており、中国が科学技術分野でも地方政府による主導を促していることがわかる。

地方政府によるデジタルシルクロードの推進

広西チワン族自治区政府は、ASEANに関連したデジタルシルクロードの推進を担う地方政府の一つである。広西チワン族自治区政府は、国際通信システムとネットワークハブを形成することを目的とした中国ASEAN情報港を通じて、通信インフラ、情報共有、技術協力、投資・越境貿易、および人材育成といったデジタルシルクロード関連のプロジェクトを実施している。

通信インフラ整備では、ベトナム北部のトンキン湾（北部湾）における海底ケーブル陸揚げ局の整備だけでなく、シンガポールからフランスまでを結ぶSouth East Asia-Middle East-Western Europe 5（SEA-ME-WE 5）、太平洋を横断するAsia-America Gateway（AAG）、香港からフランスまでを結ぶAsia-Africa-Europe 1（AAE–1）、およびパキスタンから東アフリカを経由してフランスまでを結ぶPEACE（Pakistan and East Africa Connecting Europe）の敷設に関与している。[137]また、中国A

SEAN情報港は、通信事業者の中国聯合通信（中国聯通、China Unicom）の南寧国際局とベトナム、ラオス、ミャンマーを結ぶ陸上光ファイバーケーブルの敷設プロジェクトにも関与している。

中国ASEAN情報港は、知見を有する大学や、技術を有する企業と共同でプロジェクトを遂行するほか、資金協力、研究開発、人材育成を行っている。中でも中国聯通は、2010年以降、広西チワン族自治区で通信インフラやデータセンターを整備している。2011年に中国聯通は南寧国際局を設立し、ASEAN向けの国際通信業務窓口を設立するなど、中国ASEAN情報港の設立前から広西チワン族自治区でASEANを意識した拠点づくりを行っていた。

また、中国ASEAN情報港は、中央政府と地方政府との強いつながりを有している。例えば、2015年に中国ASEAN情報港の正式な設立を宣言したのは、張高麗国務院常務副総理である。また、2017年に習主席が中国ASEAN情報港を訪問するなど、中央政府とのつながりが強い。

同社は通信事業者や地方政府が出資する投資会社であり、その株主は、中国聯通や、北斗を利用した測位技術を開発する千尋位置網絡、投資会社の広西中馬欽州産業園区投資控股集団、南寧五象新区建設投資、広西北部湾投資集団、および中国・ASEAN博覧会などの経済交流を実施する広西国際博覧事務局である。[138] このうち、広西北部湾投資集団は、広西チワン族自治区政府が全額出資する企業である。[139]

2015年頃までに中国は、広西チワン族自治区を起点として東南アジアの国々との情報通信分野における協力に関する成果をある程度収めていた。2015年9月に開催された中国ASEAN情報港フォーラムにおいて、国家網絡情報弁公室の荘栄文副主任は、東南アジア諸国とインフラ、情報共有、技術協力、経済貿易、人的交流などの分野で関係強化に合意したことを発表している[140]。参加国の一つであるラオスは、相互接続、電子商取引、ビッグデータ、モバイルインターネットサービス、インターネットセキュリティの分野で中国との協力を強化する意思を表明し、サイバー空間の協力と開発に関する覚書に署名している[141]。

この広西チワン族自治区におけるASEAN向けのプロジェクトの成功は、中央政府のデジタルシルクロード推進を動機付ける材料となったと考えられる。2015年以降に政府の文書内にデジタルシルクロードに関する言及が増えたことは、一定の成果を収めつつあった中国とASEANの間での情報通信分野の協力関係に基づいている。

(4) 民間企業による技術開発・海外進出

デジタルシルクロードにおける民間企業の役割は大きい。特にファーウェイは、中国の海外戦略における主要企業である。また、デジタルシルクロードによるインフラ整備がアリババなどのプラットフォーム企業の海外進出を助けたといえる。本節では、この2社の動向について示す。

ファーウェイ

ファーウェイは、1987年に中国・深圳に設立された通信機器製造、ICTソリューション事業などを提供する企業である。同社は中国の海外戦略における主要な民間企業の一つであり、世界170カ国以上で事業を展開している。

ファーウェイが中国政府の海外戦略における主要企業であることは、同社が対外経済協力において担う契約額の大きさからわかる。中国の対外経済協力のうち、中国企業が国外で受注し実施するプロジェクトは対外工事請負（対外承包工程）と呼ばれており、これには中国の外交ミッションや中国政府の対外援助としてファイナンスされた国外のプロジェクトが含まれている。[142]

中国政府は対外工事請負営業額の大きい企業を発表している。この上位に掲載されている企業は国有企業が多く、業種はエネルギー、資源開発、鉄道、道路、港湾関連であり、これらの企業は一帯一路におけるプロジェクトを多く受注している。ファーウェイはこの対外工事請負営業額の上位に入っており、非国営企業であるファーウェイが、国の影響力を強く受けているZTEや国営企業を抑えて上位を維持していることからも、海外戦略における同社の重要性が示されている。

対外工事請負営業額の上位にいる情報通信関連企業は、ファーウェイとZTEである。ZTEは毎年ほぼ同規模の金額であり、ランキングでは2013年に1位になったが、18年には38位に後退した。一方のファーウェイは2004年以降、常に1位または2位を維持している（図表2－4）。

この金額の算定に用いられたファーウェイに関する契約の内容は不明だが、一帯一路に関連した契約を含む可能性が高い。なぜならファーウェイは、情報通信以外のプロジェクトにも部分的に参加しているからである。例えば、ファーウェイのキルギス子会社の周嘉亮は、インタビューの中でファーウェイが一帯一路における運輸、高速鉄道、空港、石油パイプラインの整備に付属して情報通信システムを整備することを述べており、情報通信以外のプロジェクトにもファーウェイが関与していることがわかる。[143]

また、情報通信インフラは構築後に保守・運用を行う必要があるため、ファーウェイは毎年多くの

図表2－4　ファーウェイの対外工事請負営業額の順位と金額

年	順位	金額（百万米ドル）
2004	2	901.56
2005	2	1,925.32
2006	2	2,675.65
2007	1	4,882.13
2008	1	5,669.13
2009	1	6,542.45
2010	1	6,923.16
2011	1	8,789.61
2012	1	10,390.30
2013	2	9,174.68
2014	1	9,715.46
2015	1	17,338.41
2016	1	15,176.79
2017	1	13,607.97
2018	1	13,528.00
2019	2	12,627.46
2020	1	12,247.96

出所：中華人民共和国商務部のデータより筆者作成

海外プロジェクトで売り上げを確保していると考えられる。例えば、ファーウェイは、南米のガイアナの電子政府プロジェクトにおいて、中国企業が構築した通信ネットワークの技術支援やインフラ運用に関する人材育成に関するサービスを提供している。[144]その背景には、途上国にはインフラを保守・運用できる人材がおらず、海外企業に頼らざるを得ない状況がある。

ファーウェイが海外戦略における主要企業であり続けられる理由は、技術力、知名度、コストの安さ、充実したサポート、幅広い製品群にある。

ファーウェイは創業時から研究開発に注力した企業であり、自社開発した公衆交換電話網に多数の構内電話機を接続する電話交換機などの製品を中国国内で販売し急成長した後、積極的な研究開発への投資と、欧米先進国の有力企業との提携によって技術力を高めた。技術力の向上の結果、ファーウェイはドイツやオランダ、英国、日本の通信事業者向けに通信機器を納入するなど知名度を高め、コストの安さや充実した技術サポート体制によって中国の海外戦略における主要企業となった。

ファーウェイの技術力を支えているのは、多額の研究開発投資である。ファーウェイは年間売上高の10％以上を投資し、積極的な研究開発を行っている。2018年にファーウェイが行った研究開発投資は約1015億元であり、これは売り上げの約14・1％に相当する。[145] ファーウェイの売り上げに占める研究開発予算の割合は、日本電気（NEC）の4・0％、トヨタ自動車の3・5％と比較して非常に大きい。また、全従業員のうち45％が研究開発に従事していることは、同社の研究開発を支えている。

このように、ファーウェイは海外から得た売り上げを研究開発投資に費やすことで、技術的な優位性をつくり上げ、ナショナルチャンピオンとなった。ナショナルチャンピオンとは中国政府が税制面や資金援助などの特別待遇を行う企業であり、2011年11月にファーウェイ自身が米国議会での証言で自社をナショナルチャンピオンとして説明したこともある。[146]

急成長を遂げたファーウェイは、2000年代まで多くの企業と提携していたが、企業規模が大きくなるにつれ、これらと競合関係になった。かつてのファーウェイの提携先は、情報通信分野におけるトップ企業が多く、UNIXで一時代を築いたコンピュータ・ソフトウェア企業である米Sun Microsystems、携帯電話や半導体を製造していた米Motorolaなどがある。[147] またファーウェイはIBMと契約し、経営手法を改善した。その結果、2005年に英国の通信事業者BTとの契約を勝ち取る等、海外市場に進出し始めた。[148]

しかし、2000年以降ファーウェイの知的財産窃取などの問題が表面化した。2003年1月にCisco Systemsは、ファーウェイが同社のルーターやスイッチ等の製品のOSであるCisco IOS（Cisco Internetwork Operating System）のソースコードをコピーするなど、少なくとも5つの特許を侵害していると訴えた。[149]

Ciscoによる訴えは、ファーウェイのQuidwayルーターがCisco IOSをまねたマニュアルやスクリーン表示をしていることや、ソースコード上に同一のコード、ファイル名、およびバグが含まれていたことを指摘しており、ファーウェイがこれらをコピーして自社の製品に実装したことを示している。

アリババ

デジタルシルクロードによる通信インフラの整備は、中国企業が培ったインターネットを利用したビジネスモデルを海外展開するのに大きく貢献している。例えば、アリババは中国国内でつくり上げたオンラインモバイル決済Alipayや、電子商取引ハブの実証実験を国内で実施し、そのノウハウを利用してマレーシアやタイに海外展開している。

Alipayを支えるのが、高速大容量な移動体通信ネットワークである。AlipayのQRコードによる決済は、利用者とAlipayサーバの間で起こる通信を高速かつ確実に処理できる通信インフラに支えられている。その主なやりとりは、片方の利用者がAlipayサーバからQRコードを取得し、もう片方の利用者のアプリがQRコードを読み取り、利用者のアプリがAlipayサーバと通信しQRコードから支払い用URLを取得する。その後、もう一度利用者はAlipayサーバと通信することで支払いが完了する。[150] そのため、支払いに伴って発生する通信を処理できるネットワークが、オンラインモバイル決済には重要なのである。

一方、Alipayは多数のトランザクションに耐えられる設計を行っており、利用者の利便性を損なわない工夫をしている。例えば、2017年11月11日の独身の日のセールにおいてアリペイは、1秒間に25万6000回の決済を行った。[151] Alipayのトランザクションのフローは、BASE（Basically Available, Soft-state, Eventual consistency）という可用性の重視と最終的な整合性を担保する考え方に基づいている。この考え方は、銀行での口座送金に用いられる考え方とは異なり、一時的な一貫性の欠如を許容し、ネットワークの不具合や大量のトランザクションに耐えられる設計にしようとするものである。

Alipayは、利用者と金融機関のやりとりを仲介する第三者決済システムであり、割安な手数料と決済の簡便さによって普及した。アントグループは、オンラインモバイル決済の仕組みを海外に拡大しており、韓国、フィリピン、インドネシア、マレーシア、タイ、バングラデシュ、インド、パキスタン、ベトナム、ミャンマーなどの決済事業者に出資、または買収している。

アントグループが、現地企業を立ち上げずに出資や買収を行っている背景には、金融業は一般に進出先の国の法規制に従う必要があることと、素早い事業展開を目指していることがある。

企業が海外で金融業を行おうとする場合、預金者の保護、金融市場の健全性確保といった理由から規制当局の許認可を取得する必要がある。しかしながら、この手続きには長い時間がかかることが一般的であるため、既に許認可を受けている企業への出資や買収によって子会社を設立する方が素早い事業展開には向いている。また、中国には、WeChat Payを展開するテンセントなどの競合他社がおり、アントグループにとって進出先の国の市場に先んじてサービス展開をすることが重要となる。

オンラインモバイル決済は、中国をはじめとする国々で生活に根付いたサービスになっている。QRコードを用いたオンラインモバイル決済は、専用端末を必要としないため導入が容易である。そのため、オンラインモバイル決済が電子商取引だけでなく街中の商店にも導入され、あらゆる決済に利用できるようになった。その結果、アントグループの提供するプラットフォームは、中国以外の国においても事実上の標準であるデファクトスタンダードとなりつつある。

アントグループのビジネスは、決済システムの他に、融資や保険などの金融事業や法人向けITサービスがある。いずれの事業も高速な通信インフラによってよりよいサービスの提供が可能になるものであり、デジタルシルクロードによるインフラ整備が、新たなサービスをつくることに貢献している。中でも法人向けITサービスは、モバイル決済、マーケティング、販売管理、財務管理といったサービスをクラウド上で提供するSaaS（Software as a Service）であり、アリババは、これまでに蓄えたデータや知見を活用して新たなサービスをつくることが可能である。

電子商取引ハブについて、アリババはDFTZ内でマレーシアの国有企業MDEC（Malaysia Digital Economy Corporation）などと連携し、eコマースのハブ拠点eHubを設立した。eHubは、2015年からアリババが中国・杭州で実施してきた越境電子商取引総合試験区の海外版であり、アリババが16年に提唱した世界電子貿易プラットフォームeWTPの初の海外拠点である。設立にあたってアリババは、eWTPが政府の支援の下で貿易障壁を解消し、WTOを補完することを目指すと発表している。[152]

アリババは、2018年4月にタイにも同様のeHubを設立することを表明している。この発表に合わせて、アリババはデジタル経済や、タイ政府が推進する東部経済回廊（Eastern Economic Corridor：EEC）の発展に向けたタイ政府との戦略的な提携関係を結んだ。タイ政府は一帯一路によるEECへの投資に期待しており、2018年8月にソムキット（Somkid Jatusripitak）副首相はタイ政府が中国の一帯一路を支持することを明言した。このように、アリババがデジタルシルクロードにおいて果たす役割は、ビジネスだけでなく国際的な政治関係にも広がっている。

4．デジタルシルクロードの問題点

(1) デジタルシルクロードは、中国と同様に技術を社会に実装することを推進している

中国は情報通信技術を用いて管理社会を実現した

デジタルシルクロードの問題点は、中国による技術の社会実装に関する価値を世界に拡大しようとしていることと、デジタルインフラのロックインである。

まず、技術の社会実装に関する価値とその魅力について、中国はデジタルシルクロードによる海外進出を通じて価値を共有する共同体をつくり出し、中国の価値を国際社会に組み込もうとしている。

中国は、1990年代から情報通信技術を用いて社会を管理する方法をつくり上げ、世界を主導する可能性を見いだした。中国の情報通信技術を用いた管理は、中国共産党による国家統治能力を強化しただけでなく、情報通信産業による高い経済成長と政治的な安定、安全保障の確立、および治安の

確保を同時に成立させた。他の発展途上国には中国が成し遂げた成功が魅力的に映り、自国の目指すべき方向性の一つと捉えるだろう。

中国の経済成長は、電子機器の生産・輸出に加え、インターネットを利用したサービス分野の成長に支えられた。ネット利用者数やオンラインショッピングの取引額などの数値がこれらの成長を反映している。中国政府は、体制に不都合な情報へのアクセス制限といった情報の自由な流通の阻害は正当なものであり、経済成長を妨げないことを世界に示そうとしている。また、中国はGoogleなどの海外のサービスがなくとも、国内の競争を促すことで同様のサービスが育ち、世界に拡大していくことを認識した。

例えば、Googleは中国市場に２００６年に進出したが、中国政府による自主検閲の要請に対する不満や自社サービスに対するサイバー攻撃などを理由として10年に中国本土の検索事業から撤退した。[153] その結果、バイドゥ（百度、Baidu）などの中国国内の検索エンジンは成長を遂げ、国内企業のサービスがGoogleのサービスを代替することができた。

また、情報通信技術により大量のデータを収集・処理することが可能となったことは、社会の詳細な状態の把握を可能とし、国家による信用情報の管理や治安の強化につながった。

かつて生活に密着したデータ入力は手入力で行われており、リアルタイム性や量の面で、これらのデータから社会の詳細な状態を把握することは難しかった。しかし、情報システムと親和性の高いカメラ、センサー、モバイル端末、通信ネットワークの普及によりデータの収集とシステムへの入力が容易になったことで、現実世界の動向をきめ細かに把握することが可能となった。また、入力された大量のデータを処理する情報システムも急速に進化し、機械学習の応用によって大量のデータから推論することも可能となった。

中国政府は、この大量のデータ収集・処理を社会の管理に活用すべく、2014年に社会信用システム建設計画綱要（社会信用体系建設規劃綱要）を発表し、20年までに政務、ビジネス、社会、および司法の分野で国家レベルの信用システムを構築することを発表した[154]。

その後、2015年末に国家発展改革委員会と国家情報センターは、全国信用情報共有プラットフォーム（全国信用信息共享平台）を構築し、行政処罰、司法判決、社会保険料納入情報、および交通違反情報などの情報を収集している。これによって中国政府は、中国国民の動向をより詳細に把握することができるようになった。

2019年には国務院常務委員会が、社会信用システムの応用範囲を市場の監督まで広げる方針を打ち出した[155]。これは、信用システムの社会への実装範囲が個人だけでなく、企業や市場にまで及んだことを示している。

また、データに基づく治安維持は、情報通信技術による社会の管理をより一層強化している。例えば、顔認証技術を開発する雲従科技（CloudWalk Technology）によると、同社が公安機関に提供する顔認証技術は、当局による1万人以上の容疑者逮捕につながった[156]。このように中国は、情報通信技術による社会の管理の実績を積み上げ、管理社会を実現した。

一方、中国国内の信用システムの海外への拡散を懸念する声もある。例えば、ホフマン（Samantha Hoffman）は、中国政府が民間航空会社の信用管理システムに干渉することで、中国本土に住む人だけでなく、中国共産党が中国人であると主張する台湾の人々を信用管理の対象にできると指摘する。[157]

デジタルシルクロードによる技術の社会実装に関する価値の拡大

デジタルシルクロードは、中国による技術の社会実装に関する価値の拡大に貢献している。この価値の拡大のためには、中国がさらなる経済発展を成し遂げ、情報通信分野で世界を主導する必要がある。しかし、中国国内の施策を国際社会にそのまま適用することは難しい。そのため、中国は国際社会にこの管理手法の正当性を訴え、価値を共有する共同体を、デジタルシルクロードを通じて拡大したいと考えている。

また、中国は情報通信分野で世界を主導するには、国家がインターネットを統治する中国の取り組みが、国際的に正当なものとして認知される必要があると考えている。

例えば、２０１５年の世界インターネット大会で習主席は、インターネットは国家統治の新たな領域を拡大し、法律に基づく管理が必要であると指摘した。[158]この発言は、インターネットは国家によって統治されるべきであるという中国の考え方に基づくものである。さらに、習主席はこの会議でサイバー空間における主権の尊重についても述べており、中国独自のネットワーク管理モデル、管理政策をとることの正当性を訴えつつ、各国が管理方法を選択すべきであると主張した。

これらの発言を踏まえると、中国は国内法によるインターネット上の情報の検閲やアクセスの遮断は、国の主権が及ぶ範囲での問題であると認識しており、国際法上の内政不干渉の原則に合致していると考えている。

一方、中国以外の国について考えると、中国と同様のアプローチを単独でとれる国は少ない。なぜなら、中国の国内法は、中国共産党の考え方を反映したものであり、国を統治するために利用するものであるからだ。これは民主主義国家における法による支配とは異なる考え方である。また、法律と整合する技術も必要であり、法と情報システムを運用するための組織も必要である。

潜在的に中国による技術の社会実装に関する価値を共有する国は多い。これらの国は、中国のデジタルシルクロードを通じた支援があれば同様のアプローチをとることが可能だろう。例えば、一帯一路関係国でもある東南アジアの国々は、ほとんどが権威主義国家である。具体的には、ベトナム、カンボジア、ミャンマー、およびラオスなどの国は、権威主義国家でありつつ高い経済成長を成し遂げた中国を、自国の目指すべき方向の一つと考えるだろう。

中国にとっては、東南アジア地域の模範となることが、日本、米国、オーストラリア、インドなどに対する緩衝地帯を周辺につくり出すことにつながる。さらに、中国の意見を地域の意見として発信できるようになれば外交力が向上し、国際社会に中国の管理手法が正当なものであると訴えるのに有利になる。そのため、中国は価値を共有する共同体をつくり出すことに重点を置いているのである。

中国が周辺国の模範となるためには、周辺国が抱える課題の解決策を提示する必要がある。東南アジア地域の国の優先課題は、経済発展、安全保障、および国内治安の安定である。このいずれにおいても情報通信技術を活用できる。経済発展におけるデジタルエコノミーの推進、安全保障のための軍備の近代化、国内治安の安定のためのサイバー空間の利用規制など、中国が提供できる技術やプラットフォーム、制度は揃っている。そのため、デジタルシルクロードは、中国による技術の社会実装に関する価値を世界に拡大する戦略であることがわかる。

(2) 経済発展に欠かせないデジタルインフラのロックイン

中国は、デジタルシルクロードを利用して経済発展に欠かせないデジタルインフラをロックインすることで、利益獲得と海外への影響力を行使している。本章で示したように、デジタルインフラのロックインは、中国政府による民間企業への補助金、一帯一路による紐付き援助と契約、インフラの維持・運用などによって強化されている。その結果、中国企業は長期にわたって海外からの利益を得て成長するエコシステムをつくることができた。

また、デジタルインフラのロックインは、中国企業が受益国のデータに直接触れる機会を提供している。デジタルシルクロードは中国企業の海外進出の基盤となり、受益国の国民生活に欠かせないデジタルインフラを活用したサービスやプラットフォームを展開することに成功している。

これらのサービスやプラットフォームを通じて得られる情報は、受益国の経済や国内事情を反映している。例えば、中国企業は一帯一路沿線国にスマートシティやモバイル決済を広めている。これらから得られる情報は、都市の使用電力、交通量、消費者の購買動向などであり、民間企業にとっては高度なマーケティングや商品開発に活用できる。

これらの情報は、サービスを提供する企業のデータセンターなどに保管される。受益国がデータ移転や保護に関する規制などの対策をとっていない場合、2017年に施行した国家情報法や21年のデータセキュリティ法に基づき中国政府がこれらの情報にアクセスしたとしても、受益国は十分な対応ができないだろう。

具体的には、中国政府が企業にデータの中国本土への移動を命令したり、海外のデータセンターにおいてインテリジェンス収集のための追加的な処理を行ったりしたとしても、中国政府は国内法に基づく正当な行為であると主張するだろう。

デジタルシルクロードによる影響力行使は、広範囲に及んでおり全体像の把握が難しい。中国政府によるデータへのアクセスは、影響力行使の要素となったとしても、全体像を描くには不十分である。そこで、国際政治学の側面からデジタルシルクロードをみると、その効果を整理できる。例えば、デジタルシルクロードは、ストレンジの提唱する構造的パワーにおける安全、生産、金融、知識の要素を構成している。

これらの要素は、国家と市場をめぐる力関係を整理するための要素であるが、情報通信技術が与える国際政治への影響の分析にも応用できる。具体的には、デジタルシルクロードは、スマートシティや軍民融合を通じて安全を提供し、多国籍企業へのコントロールを通じて生産を支配し、人民元の国際化によって金融における影響力を強化している。さらにデータ規制やサイバー空間における規範づくりは、知識へのアクセスを規制する要素であると位置付けられる。

次章では、この分析のフレームワークを使うことで、デジタルシルクロードによるロックインが構造的パワーを構成し、中国の国際政治における影響力を強める働きをしていることをみていく。

第3章　情報通信技術と国際政治におけるパワー

1. この章について

この章は、デジタルシルクロードを分析する枠組みを提示する。本書は分析の枠組みとして、国際政治における権力（パワー）の概念を利用する。まず、分析の枠組みとなる国際政治におけるパワーについて説明する。次に、情報通信と国際政治におけるパワーの関係を整理するため、情報通信技術が国際政治におけるパワーに対して影響を与えたことを示す。そして、中国が各パワー構造にデジタルシルクロードを通じて与えている影響を明らかにする。

国際政治においてパワーは多義的であり、単一の定義はない。そこで本書では、パワーを「国などのある主体が他の主体の振る舞いを変える能力」と定義する。[159] このパワーの例には軍事力や経済力などがあり、国家は政治的な目標を達成するためにパワーを行使する。国際政治経済学では、このパワーを研究しており、ハードパワーとソフトパワーや、関係的パワーと構造的パワーといった分類を行い、時代ごとにパワーの行使の在り方が変わってきたことを示す。

情報通信は国際政治におけるパワーを構成する要素の一つであったが、その位置付けは変わった。国際政治において情報通信技術は、情報伝達手段としての軍事や経済を支える要素であったが、情報革命により経済、軍事、金融、および知識の伝搬といったあらゆる領域において欠かせない存在となった。これまでも蒸気機関、電気、または原子力などの科学技術はパワーの在り方を変えてきたが、情報通信技術はパワーの要素の強化にとどまらず、サイバー空間によってパワー構造の連結性を高める役割を果たしたことで、その重要性が高まった。

これを踏まえてこの章は、デジタルシルクロードの影響力が各構造における中国の影響力を強化するだけでなく、中国の国際政治における統合的なパワーを強化していることを示す。

この章はまず、国際政治における情報通信の位置付け、国際政治におけるパワーの例、情報通信分野における国家と市場の関係を整理する。次に、国際政治における構造的パワーを構成する安全保障、生産、金融、知識の構造に情報通信が与えた影響を分析する。そして、情報通信技術が各構造の連結性を高め、国際政治経済における統合的なパワーを発揮する要因となったことを説明する。最後に、デジタルシルクロードと各構造における影響力の観点から分析する。

2. 国際政治におけるパワー

(1) 国際政治におけるパワーとは何か

本書の国際政治におけるパワーとは、国などのある主体が他の主体の振る舞いを変える能力と定義した。パワーの例には、隣り合う国々が自国の領土を拡大し、相手国に現状変更を認めさせるために使う軍事力がある。また、米国による第二次世界大戦後の欧州経済の復興援助計画であるマーシャルプランや、日本政府の途上国向け政府開発援助（Official Development Assistance：ODA）などの経済力がある。国家はこれらのパワーを使うことで、経済と安全保障のバランスに影響を与えてきた。

このパワーについて、20世紀における2つの世界大戦の間の時期について論じたカー（Edward Hallett Carr）は、軍事力、経済力、および世論を支配する能力は、政治秩序の大勢を左右する、と指摘している[160]。

国際政治におけるパワーの性質や有効性は時代によって変化する

国際政治の理論では、時代ごとに社会環境や国家目標の達成に対する考え方が違うため、パワーの性質や有効性が変化する。世界の国々はパワー行使の主体であり、領土に付随する資源や生産物をパワーの源泉とし、かつては軍事力で領土を守ることが国の安全保障であった。また、戦争は政治的な目的を達成するための正当な手段であり、軍事力を用いることは国家間の紛争解決のための選択肢であった。しかし、1928年に日欧米などの列強国が不戦条約に署名したことを起点に、自衛を目的とした武力行使と平和を破壊する者に対する共同行動以外の戦争を非合法化したことで、軍事力は簡単には使えないパワーとなった。

経済の面から考えると、第二次世界大戦以前の大国は、繁栄を続けるために支配が及ぶ範囲の拡大が必要であった。当時の大国は自己充足的であり、軍事力によって生存や繁栄のための領土を守り、自国の支配が及ぶ範囲で経済活動を行っていた。そのため、ウォルツ（Kenneth N. Waltz）は、第二次世界大戦前の状況について、各国が自己充足性を高めるために、帝国主義や専制政治の動きが高まっていったと指摘している。また、ウォルツは国家が他国に依存することで、繁栄の分け前を争うことになり、安全保障上の脆弱性を高めるとも指摘している。[161]

さらに、第二次世界大戦後の軍事力のパワーとしての性質は、領土支配をめぐるコストの増大と兵器の性能向上により変化した。支配をめぐるコストとしては、大国は世界中の植民地にいる反対者を暴力で抑え込むためのコストが必要であった。その後、大国は、戦争を他国に仕掛ける危険と植民地支配のコストを負担するよりも、世界的な市場経済に参入し資本や技術を移動させて利益を得る方が合理的と判断した。

ストレンジは、この変化について、世界市場シェアをめぐる平和的競争による利益を増大させる一方で領土支配をかけて競争するコストを増大させた、と分析した。[162] 兵器の性能について、冷戦期にはベトナム戦争などの局地的な軍事力の行使はあったが、大国間での軍事力行使は核兵器や弾道ミサイルなどの大量破壊兵器の使用につながる可能性があり、大国は戦争で勝者となってもその代償が大きすぎると考えるようになった。

第二次世界大戦後、経済力が有効なパワーとなった

第二次世界大戦後、各国は相互依存性を高めて経済的な発展を重視するようになり、簡単に使えなくなった軍事力に代わって経済力が有効なパワーとなった。経済力のパワー行使形態の一つが、経済制裁である。国連安全保障理事会、米国、およびEUが実施したイランに対する経済制裁は、イランを経済的に孤立させることで核開発計画の変更を促し、2015年7月の包括的共同行動計画（Joint Comprehensive Plan of Action：JCPOA）で合意するに至った[163]。

軍事力に代わって経済力が有効となった背景には、国際的な経済的相互依存性の高まりがある。対イラン制裁の場合、国際的な貿易がイラン経済を支えていたため、経済力がパワーとして有効に機能した。

イランは外貨収入を原油の輸出や石油化学産業に頼っていたため、米国などの生産や輸出に対する支援禁止や関連した資金決済に関する制裁は、イランの外貨収入手段を絶った。特に、米国の対イラン包括制裁法（Comprehensive Iran Sanctions, Accountability, and Divestment Act of 2010：CISADA）は、イランと取引を行う外国人や外国企業に対して金融制裁などを科す二次的制裁を含む制裁であった[164]。

この二次的制裁は、イラン・米国以外の組織も制裁対象とし、制裁対象者はドルを利用した貿易が難しくなり、国際経済から孤立する可能性もあった。そのため、多くの国がイランとの取引を停止した。この結果、イランは米国以外の国とも経済的関係が停滞し、国民生活が困窮したため、政権交代

が起き、それまで続いていた強硬な振る舞いを変更した。

経済力がパワーとしての有効性を発揮した背景には、各国経済が世界経済に統合され、情報・物資・資金流通のネットワークによって結ばれたことがある。各国はモノの売買に伴う物流などのネットワークを活用して国を発展させることの重要性に気付き、国家の目標を領土獲得・保全による繁栄から経済的発展による繁栄に変化させた。そのため、このネットワークからの追放は、制裁対象国の世界経済からの離脱とそれによる経済発展の制約を意味し、対象国にとっては国家としての振る舞いを変えなくてはならないほど影響力があるものとなった。


相互依存性の拡大によって軍事・経済の直接的なパワーの使用による代償、リスクが高まった

軍事力や経済力のパワーとしての性質は変わり、直接的なパワーの使用は難しくなった。軍事力や経済力の有効性は、戦争や経済制裁の結果によって示されたが、それに伴う代償の大きさがパワーとしての性質を変えている。

まず、紛争解決手段としての軍事力の使用は、国際的な相互依存関係や国内経済に被害を与える。グローバルな経済活動を行う投資家は、単独で軍事力を行使して近隣諸国を植民地化しようとする国をリスクの高い国と判断し、資金を引き揚げるだろう。

例えば、2014年のロシアによるクリミア併合は、欧米諸国による対ロシア経済制裁を招き、ロシア経済を6%下押しした[165]。この経済制裁は、個人・企業によるクリミア半島への投資や、ロシアの銀行や石油関連企業による市場での資金調達を禁止しており、これがロシア経済を下押しした原因といわれている。

さらに、ロシアによるクリミア併合は、国際社会におけるロシアの孤立を招いた。主要国首脳会議のロシア以外の参加国7カ国は、ロシアを批判し、主要国首脳会議の参加資格を停止するハーグ宣言を発表した。[166] よってロシアによる軍事力の行使は、相互依存関係を壊し国際的な孤立を招いた例といえる。

また、核兵器やハイテク兵器によって軍事力行使に伴う費用が増大した。米国防総省の発表によれば、米国同時多発テロ事件以降に投じた戦費は1・6兆ドルであり、ブラウン大学の試算によると退役軍人の医療費などの費用を合わせた戦費は、5・6兆ドルといわれている。[167]

この金額は第二次世界大戦において米国が投じた額と同じ規模であるが、そのうち、米国がハイテク兵器に投じた金額は大きい。例えば、翼とジェットエンジンで1600km以上を飛行し、高い精度で目標物まで誘導可能なレイセオン・テクノロジーズ製巡航ミサイルのトマホークは、1発調達するのに297万ドルかかる。[168] 2003年のイラク戦争において、最初の12日間で米軍は675発以上のトマホークを発射している。[169] ハイテク兵器によって高精度な攻撃が可能となった一方で、標的の価値が高いものでないと調達費用に見合わず、軍事力を行使しにくい状況となった。

次に、経済力を直接的に使うことも難しくなっている。なぜなら国際的な相互依存性の拡大によって、経済力を行使した際の影響が自身にも及ぶようになったためである。言い換えれば、直接的な経済的パワーの使用は、それによる代償の大きさを高めたといえる。

例えば、米国のトランプ大統領は、中国の知的財産侵害、国有企業への補助金、米国の対中国貿易赤字の増加などを問題視し、最大の貿易国としての立場を利用して輸入関税によって中国の振る舞いを変えようとした。その結果、米国と中国は2020年1月に第1段階の経済・貿易協定に署名し、中国が知的財産の保護、金融市場の開放、および為替操作の禁止などを約束し、米国からの輸入を増やすこととなった[170]。

米国は経済力を行使したが、自国経済も影響を受けた。その理由は、米国の産業界が中国の生産能力に依存していたためである。米国企業が構築したサプライチェーンは、中国企業の占める部分が多かったことから、対中関税の引き上げは米国製品の価格に転嫁され、最終的に米国企業や消費者が関税の上乗せ分を支払うこととなった[171]。

トランプ大統領は2019年にサプライチェーンを再構築し、中国の代替案を探すよう米国企業にTwitter上で指示していたが、国際的な相互依存関係の中で構築されたサプライチェーンは衝撃に強く、短期的な政治力では再構築が難しかった。そのため、米国は経済力を行使したが、中国だけでなく自国経済にも影響を与えたといえる。

また、中国も経済力の行使を踏みとどまっていた。米国の経済力の行使に対して、中国は保有している1兆ドル以上の米国債を売却することで、経済力による対抗策を実施することも可能であった。しかし、米国債市場ほど高い流動性と低いリスクの市場が他になく、大量の米国債売却は国際金融市場が不安定化する可能性があるため、中国の経済力行使も難しかった。

ただし、上記の議論は軍事力や経済力が不要になったことを示すものではない。軍事力や経済力は直接的に用いることが難しくなったが、国際政治において欠かせない要素であり、役立ち続けている。特にこれらのパワーは、世界経済に統合されていない独裁的国家に対して振る舞いの変更を迫る際には欠かせない。

例えば、北朝鮮のような国際社会のルールを遵守せず、核兵器やミサイルといった軍事力を誇示し、経済的利益を得るためにサイバー攻撃を実施する国家に対峙するためには、軍事力による抑止や経済制裁が必要である。そのため、軍事力や経済力は使う相手を選ぶパワーになったといえる。

国際的な相互依存関係の深化と協力体制の重要性

国際的な相互依存関係の深化は、危機などの事象が世界中に伝搬するリスクを高めたが、協力体制の重要性を明らかにした。20世紀後半以降に世界各国が情報・物資・資金流通のネットワークでつながったことで、非伝統的な脅威が顕在化している。

例えば、１９９７年アジア通貨危機や２００８年世界金融危機による経済的な混乱、01年米国同時多発テロのような国際的なテロリズム、09年新型インフルエンザや20年新型コロナウイルス感染症の流行、16年米大統領選挙干渉に代表される国際的なサイバー攻撃がある。これらは一つの国で対処可能な問題ではなく、国際社会全体または多国間で協調して対処する必要がある。

国際的な協力体制は、新たな脅威に有効に対処している。例えば、世界各国は、２０２１年6月時点で日本を含む66カ国が批准するサイバー犯罪条約に基づき、サイバー犯罪への対処における国際的な連携を行っている。最近では、２０２１年1月に欧州刑事警察機構（European Police Office：Europol）が欧米諸国による共同作戦Operation LadyBirdによるマルウェアEmotetのテイクダウンを行い、犯罪グループのメンバーの逮捕や、利用していたコンピュータを差し押さえた。[172] この成果は、各国の関係機関が情報交換や行動の面で協調したことで得られたものである。

国際的なサイバー犯罪への対処を難しくしているものの一つは、法制上の課題である。日本の場合、犯罪に関する成立要件や刑罰を定めた刑法は、その適用範囲を自国領域内に限定している。そのため、国際的な協調がなければ Emotet のテイクダウンは難しかった。

多国間の協調において重要な役割を果たすのが、情報のネットワークである。国際政治におけるパワーの側面からみると、情報を体系化した知識によるパワーは、知識を伝達する・拒否する・排除するといった行使形態をとる。

コンピュータの登場以前から、人々はパピルスや紙に情報を蓄え、体系化することで知識を伝達してきた。やがて、文字情報を電気信号に変換する電信が18世紀に開発され、19世紀以降海底ケーブルで各国が結ばれた。さらに、無線通信技術によって地理的に自由度が高く、大容量の通信が可能となり、情報通信技術は社会に不可欠なものとなった。

情報ネットワークを利用した協調の重要性は、多くの研究者が指摘するところであり、アルキア(John Arquilla) とロンフェルト (David Ronfeldt) は、情報時代においては協力体制が重要となり、それにより競争上の優位を確保できることと、知識のパワーとしての重要性が高まることを指摘している。[173]

(2) 国際政治における情報通信の位置付けの変化

情報革命による位置付けの変化

国際政治経済における情報通信の位置付けは、20世紀後半以降の情報革命によって変わった。情報革命は、トフラー（Alvin Toffler）によって農業革命、産業革命に次ぐ第三の波としての情報化社会をもたらすものとして提唱された。[174]１９９０年代後半から情報通信技術は、情報の処理・伝送・蓄積の低価格化によって情報化社会を現実のものとし、パワーとしての知識の重要性を明らかにした。

20世紀にはエネルギーや合成化学などの分野で多くの技術革新があったが、コンピュータ、ソフトウェア、およびネットワークなどの情報通信技術による革新は、国家、社会、経済、および個人の力と関係性を変えたことで革命的であった。

コンピュータ、ソフトウェア、およびネットワークによる情報革命は、多くの技術革新に支えられている。１９４０年代に実用化されたコンピュータは、高速の科学技術用計算機として登場した。その後、コンピュータは利用目的を限定しない汎用型のデータ処理機械となり、計算能力や記憶容量が増えていった。その背景には多くの技術革新があり、真空管やトランジスタ、集積回路といった電気電子回路、パンチカードや磁気テープ、磁気ディスクといった記憶装置、ＦＯＲＴＲＡＮやＣＯＢＯＬ、Ｃといったプログラミング言語とアルゴリズムにおける革新がある。

これらの技術革新はコンピュータの在り方を変え、コンピュータは経済活動に広く取り入れられた。また、コンピュータが汎用的になったことで利用者は拡大し、政府機関や軍から大学、企業、個人までその利用は広がっていった。

さらに21世紀中頃には、あらゆる情報がネットワークを通じてコンピュータで処理されるようになることで、第４次産業革命が起こるといわれている。これまでのコンピュータは、情報の入力をはじめとして人間の介入が必要であったが、ＩｏＴによってデータ入力・収集・解析が容易となり、情報処理能力の強化によって人工知能が推論する能力が向上した。これによって人間とコンピュータがより自律的に協調するようになるだろう。

情報革命は、20世紀後半以降の国家・組織・個人の関係性を変えた。従来、組織や個人は国家の影響力下にあった。そのため、貿易交渉などにみられるように、直接的に他国の組織や個人に影響を与えることはなく、国家という枠組みを通じて他国に影響を及ぼしてきた。しかし、サイバー空間では、国境を気にせず情報の交換が可能となり、組織や個人が影響力を互いに直接与えることが可能となった。

国際政治経済における情報革命の位置付け

国際政治経済における理論は情報革命をどう理解するか、学術的な議論を振り返る。学術的な議論において、情報革命と国家間の関係に関する研究を蓄積してきたのは国際関係論の分野である。国際関係論は、国家間の関係を理論的に説明することで国際関係システムを理解しようとする分野である。

現在の世界における国際関係システムの特徴は、それぞれの国が主権を有し、それを超越するような世界政府がいない無政府状態（アナーキー）なことである。このアナーキーな状況を理解すべく、国際関係論では現実主義（リアリズム）、多元主義（リベラリズム）、または構成主義（コンストラクティヴィズム）などの観点から、国家間の関係を記述する理論が発展した。

主権国家が国益を追求する現実主義の考え方に立てば、情報革命は国家の要素の強化に役立ち、基本的に世界の政治スタイルは変わらないとみる。現実主義の考え方においては、国家が国際関係における主役であり、国家は利益を追求するために合理的に振る舞い、政治的権力と安全保障が核心的な価値を有する。そのため、現実主義は情報革命を、軍事における革命（RMA）や経済的利益を追求することに寄与するものとして取り扱い、サイバー戦という新しい領域が生まれたことも認めるが、従来の安全保障や利益追求の一部であると考える。

　また、国際法や国際制度が国際秩序を形成するとする多元主義の考え方に立てば、情報革命は国家が取り組むべき領域を増やしたとみる。多元主義は、国際関係における主体が多様であること、国家の対外政策における国内政策の重要性、国際法や国際制度における国際機関の役割を強調する。ナイは、多元主義による情報革命の見方について、「情報革命は民主主義的な諸国の役割を増大させ、そのことによってカント的な民主平和が究極的に実現する見込みを増大させる」と指摘している。[175]

　国際関係の重要な側面が思想や規範によって影響を受けるとする構成主義の考え方からすれば、情報革命は国家がこれまでつくり上げてきた構造を変えるものである。トフラー夫妻（Heidi Toffler, Alvin Toffler）やドラッカー（Peter Drucker）は、情報革命が産業革命の時代を特徴付けた階層的な官僚機構の終焉をもたらすと指摘した。[176]その理由は、インターネット上の分権的な組織や共同体が独自の発展をもたらし、これまでになかった統治のパターンをつくり出すためである。

　このように、いずれの立場も情報通信技術が国際政治経済に影響を与えていることを示している。そのため、国家は技術による自国の優位性を確保するための取り組みを続けている。

国力と国際経済の源泉である科学技術は、国家の優位性確保に欠かせない存在となった

　国家は科学技術を管理することで、軍事力や経済力における優位性を確保してきた。科学技術は国力と経済発展の源泉である。科学技術は、機械化によって戦車や戦闘機による軍事力を支え、産業の効率化や国際的な貿易の拡大によって国際経済を支えている。

例えば、国家は貿易管理上の措置を通じて、製品や技術の流通を管理し、他国よりも軍事的に優位な立場に立とうとしてきた。この貿易管理を通じた貨物・技術の規制は、将来的に相手国が脅威とならないようにするためだけではなく、自国の競争上優位な立場をつくるための措置でもある。

多国間の協調による貿易管理も行われており、通常兵器や軍事目的に転用可能（デュアルユース）な技術・装置の輸出管理を規制する国際的な取り決めであるワッセナー・アレンジメント（Wassenaar Arrangement：WA）は、軍事転用可能な民間の製品や技術を規制対象としている。

日本を含むWAに参加する国は、WAが定める輸出規制の目安となるリストを基に規制を実施している。これによってWA参加国は、高性能な半導体や暗号などの武器に転用可能な製品・技術の流通を協調して管理している。日本の場合は、外国為替及び外国貿易法に基づく措置をとっている。

WAの前身は、西側諸国が冷戦時代に共産主義圏に対して行った、軍事転用可能な汎用貨物・技術の規制枠組みの対共産圏輸出統制委員会（Coordinating Committee for Multilateral Export Controls：COCOM）や対中国輸出統制委員会（China Committee：CHINCOM）である。CHINCOMは1957年にCOCOMに統合され、COCOMは93年11月に終了したが、地域の安定を損なうおそれのある汎用品・技術の過度の移転を防止する輸出管理体制を設立する必要性が国際社会に強く認識されたため、96年7月にWAが発足した。

情報通信技術もWAの規制対象である。WAの規制リストは汎用品・技術リストと軍需品リストから構成され、いずれのリストもサイバー空間で利用される技術を掲載している。例えば、汎用品・技術リストにはエレクトロニクス（集積回路、半導体など）、コンピュータ、通信関連（ケーブル、暗号装置など）があり、軍需品リストにはサイバー空間における攻撃的任務に利用するソフトウェアがある。

ＷＡは２０１３年以降、サイバー空間で使われる貨物・技術の強化に動いており、19年には攻撃的サイバー能力を持つ製品をリスト化した。２０１３年12月に行われたＷＡ全体会合において、英国とフランスは侵入ソフトウェア、ＩＰネットワーク監視装置をリストに追加することを提案し、これらは規制対象となった。

その後も、サイバー分野の強化は続き、２０１９年12月に開催された会合において、軍事リスト項目の21に軍事用攻撃的サイバー任務に必要となるソフトウェアが追加された。その定義は、指揮通信システムなどのコンピュータシステムの破壊（destroy）、損傷（damage）、劣化（degrade）、妨害（disrupt）するソフトウェアと指定されている。このソフトウェアは軍事目的に利用されるものを想定しており、通常のサイバーセキュリティ対策で行われる脆弱性発見やインシデント対応に使われるソフトウェアは対象外としている。[177]

(3) ハードパワーとソフトパワー

国際政治におけるパワーの研究の一つは、ナイによるソフトパワーの研究である。ナイは、「力とは自分が望む結果となるように他人の行動を変える能力」と定義しており、パワーには強制的なハードパワーと魅力によって誘引するソフトパワーがあると指摘している。[178]

ナイの定義によれば、ハードパワーは、他国に政策変更を迫る軍事力や経済力のような能力を指し、誘導や脅しによって結果を獲得することができる。一方ソフトパワーは、国の文化、政治的な理想、政策によって、相手を自分が望む結果に導く能力とし、これらの魅力によって成果を得ることができる。

例えば、ソフトパワーには政府が行動によって示す価値観があり、民主主義、国際機関を通じた協調、外交政策での平和と人権の推進などを行動によって示すことで、相手に同様の行動を促すといったものがある。

ナイは、近年米国のソフトパワーが低下していると指摘している。米国は第二次世界大戦後にソフトパワーを使って世界に対する影響力を増すことに成功したが、２００３年に国連の武力行使容認決議を経ずにイラクを攻撃したことから、米国のソフトパワーの有効性が低下した、としている。これを踏まえ、ナイは軍事や経済的手段といったハードパワーを行使した結果、20世紀後半に世界に対する米国の影響力が低下したと指摘している。

中国もソフトパワーに注目した。胡主席は、２００７年の中国共産党第17回全国代表大会において、ソフトパワーを向上させることを宣言した。[179] この中では、情報通信技術を活用した影響力強化の方針を示している。

①社会主義の中核的価値体系を確立し、社会主義イデオロギーの吸引力と結束力を強める、②調和のとれた文化を醸成し、文明の気風をはぐくむために、文学芸術事業を積極的に発展させ、インターネット文化の建設と管理を強化する、③中華文化を発揚し、中華民族共通の心の故郷を建設す

る。各国の優れた文明成果を吸収し、中華文化の国際的影響力を増強する、④文化の創造刷新を推し進め、文化の発展のために活力を注ぎ込む。文化市場を繁栄させ、国際的競争力を強める。ハイテクをもって文化製品の生産方式を刷新し、新しい文化業態を創出し、伝送も速く、カバー範囲も広い文化伝播システムの構築を急ぐ。

このことから、中国も情報によるソフトパワーに注目していることがわかる。

ソフトパワーは、パワー行使の主体と客体を分けている。魅力というのは、複数の国や勢力に対して有効である。しかし、ナイのソフトパワーには、情報通信技術で利用される国際標準のようなルールを定め、相手を動かすパワーという概念がない。例えば、ある国家が携帯電話などの移動通信システムにおける標準化の議論の方向性を、思想や魅力によって形づくるということも可能かもしれない。しかし、思想や魅力は合意形成に至る要因の一つであり、技術的な優位性に基づく合意内容の要素にはならない。

(4) 関係的パワーと構造的パワー

国際政治におけるもう一つのパワーに関する研究は、ストレンジによる関係的・構造的パワーである。ストレンジは、国際政治経済におけるパワーを、ある国が他の国を動かす関係的パワーと、国際的なパワー構造を形づくる構造的パワーに分けて整理した[180]。

関係的パワーは、A国がB国に対して軍事的圧力をかけるような権力行使の主体と客体があるパワーである。それに対して、ストレンジは構造的パワーを、安全保障・生産・金融・知識に関する構造によって権力行使の場を形づくり、国や企業といった主体の行動を導くものと説明した。この構造ごとの分析手法は、国家と市場の間での相互作用を分析することができる。

安全保障構造は、紛争などの個人の安全を脅かすものからの保護を提供することに関する構造である。この構造におけるパワーは、軍事力、食料の分配、司法といった形で行使される。安全に対する脅威が大きいほど保護に対するコストは高くなるが、例えば国家は、安全保障構造において、防衛力によって自国や同盟国に安全を提供し、その脅威に対処しようとすることでパワーを行使する。

生産構造は、財・サービスの生産・創造に関する手段の決定に関する構造である。国家が基本的な法整備、政治制度の組織、法的・行政的な手続きを実施し、企業が生産活動を行うといった一連の動きは、生産構造を通じて行使するパワーを特徴付けている。例えば計画経済システムの場合、生産構造において絶対的な権力を持つのは国家であり、国家が法整備や行政手続きから生産計画、資源配分までを集中的に管理する。しかし、グローバル化や世界経済の統合に伴い、生産構造は変化し、パワー行使の様態も変化した。

金融構造は、決済や信用の創造に関する構造である。信用の創造とは、今日消費を行い、将来それを埋め合わせる可能性を与えることである。例えば企業の場合、設備投資のためには資金が必要であり、銀行は信用に基づき資金を貸し付ける。同様に企業が債券を発行して資金を集めることも、信用に基づいている。

情報などのあらゆるものに価値を見いだす社会では、信用をつくり出すことが政治的に重要である。財・サービスの交換手段となる媒体は貨幣であり、貨幣は市場と政府の打ち出す政策の影響を受ける。

そのため、国家は金融政策を通じて、信用を創造する能力に影響を与えることが可能である。また、国際的な信用の創造は、ドルなどの基軸通貨の安定性によって支えられており、米国はドルを利用することで金融構造を通じたパワーを行使することができる。

知識構造は、人々が求める情報、またはこれを体系化した知識に関する構造である。人々が知識を伝達、拒否、排除する際にはパワーを伴う。歴史的に僧侶や賢者は知識を囲い込むことで、支配者である王や将軍たちにパワーを行使しており、現在では、科学技術が行使するパワーを特徴付けているのが知識構造である。

この4つの構造に着目する分析方法は、情報通信技術が国際政治経済学における安全保障・富・自由・公正といった基本的な価値に対して影響を与えているかを分析するのに適しており、本書の分析の枠組みを形づくっている。また、この分析手法が適している理由の一つには、情報通信分野は市場原理によるところが大きいことがある。

情報通信分野の発展は、それまで国営事業であった電気通信事業を1980年代以降に自由化し、市場原理を導入したことが端緒となっている。その結果、国家と市場との間での相互作用が増大し、技術革新を後押しした。また、1990年代におけるインターネットの商用利用の進展が、情報通信分野における民間の主導的役割を確立し、民間組織は国家と役割を分担するようになった。

これに対して国家は、公正な競争や規制の見直しを通じた市場への影響力を保持すると同時に、グローバル化によって市場から以前よりも強い影響を受けるようになった。

この分析手法が分析に適しているもう一つの理由は、情報革命が、知識構造を中心として安全保障・生産・金融の構造に影響を与え、構造間の連結性を高めた事実を説明できるからである。国際政治の研究において、ストレンジやナイは情報革命の重要性を認めつつも、踏み込んだ分析には至っていない。なぜなら、情報革命による成果は2010年代に特徴的に表れたためだ。そこで、本章は情報革命が国際政治における構造の要素に与えた影響を分析し、政治的・経済的な関係の変化を記述することで彼らの分析を具体例から検証する。

3．国際政治における構造の要素と情報通信

(1) 安全保障構造

情報通信技術は世界経済に対する安全に影響を与えている

情報通信技術は、国際政治におけるパワーの構造をどう変えたのか。この変化を分析するために、国際政治において情報革命が、誰が何を得るか、権力中枢の在処はどこか、または富・自由・公正さといった価値の配分に関する変化が生まれたかについて果たした役割を構造ごとに分析する。

安全保障構造は、ある人々が他の人々に対して安全を提供することから生まれるパワー構造である。ストレンジは、安全保障構造における課題を、世界経済に対する安全、国家の性格、市場・工業化・経済発展による影響、国家間関係、および技術変化に分けられると指摘した。[181] これらの課題に、情報通信が与えた影響をみていく。

世界経済の観点からみると、情報通信インフラは道路、港湾、電力インフラと同様に社会基盤を成すインフラであり、持続可能な経済成長の実現に寄与する。また、情報化は工業化の次の段階として市場・経済発展に影響を与えた。

さらに、情報通信技術は軍事における情報化やハイテク化を推し進め、組織や戦略を変えた。米国をはじめとする国々は、サイバー軍を編成し、機能として情報通信技術を利用するだけでなく、サイバー空間を作戦領域とするようになった。

米国は、1970年代からサイバー空間における能力開発を続けていたが、90年代末からの陸海空宇宙の統合的な作戦の重要性の高まりを受け、サイバー軍（CYBERCOM）設立に動き出した。2009年6月23日にゲーツ（Robert Michael Gates）米国防長官はCYBERCOMの設立を指示し、CYBERCOMは10年5月21日に初期作戦能力（Initial Operational Capability）の整備を完了し、18年に統合軍の一つとなった。2019年1月時点で、その規模は6187人である[182]。

CYBERCOMの活動範囲の広がりは、技術変化による安全の提供の在り方を変えている。安全提供の方法の一つとして、CYBERCOMはサイバー防衛や選挙プロセスの保護の場面で他国と協力している。例えば、米国はCYBERCOMの要員をモンテネグロ、エストニア、北マケドニア、およびウクライナに派遣し、これらの国の選挙プロセスを守るための支援を実施した。

このことから情報通信は、政治的な公正さなどの価値を守る手段となっており、サイバー空間上の誤情報拡散や選挙プロセスへの介入を防いで民主主義を守ることで、他国に政治的な安全性を提供している。

中国は、情報支配の観点からサイバー空間における活動を重要視している。中国人民解放軍は、2019年7月に戦争形態の変化に対応するための「新時代における軍事戦略方針」を策定した。[183]この戦略方針において中国は、米国を国際的な安全保障悪化の原因と指摘しつつ、技術変化による国際的な軍事競争の烈度が高まっていることを指摘した。

この指摘は中国の新技術に対する認識を示しており、先端技術である人工知能、量子コンピューティング、ビッグデータ（大数据）、クラウド、およびIoTなどの軍事での利用の拡大によって、国際的な軍事競争の局面に歴史的な変化が起きることを認識したことを表している。

中国人民解放軍におけるサイバー戦能力の活用目的の一つは、抑止である。2016年4月に、習主席は「サイバーセキュリティ能力と抑止（威懾）能力を増強する。サイバーセキュリティの本質は対峙にあり、対峙の本質は攻守両面における能力の競争である」と述べている。[184]また、組織面では中国人民解放軍は、習主席による軍事改革の一環として2015年に戦略支援部隊を創設し、情報の支配権「制信息権」（信息は中国語で情報の意味）の掌握を目指している。戦略支援部隊の任務は、宇宙・電磁波領域の統合やサイバー空間を利用した情報支援といわれている。[185]

国家による情報通信技術の利用方法をめぐる議論

情報通信の利用方法に関する国家の性格は、安全保障の在り方を変えている。情報通信技術は、安全を提供するだけでなく、安全を脅かす目的にも利用可能である。一部の国や犯罪者は、重要インフラに影響が出るほど大規模なサイバー攻撃を実施したり、経済的利益のためにサイバー攻撃を行っている。そのためサイバー空間で起こる事象は、国際的な安全保障環境の不安定化の要素になっている。

情報通信技術による安全保障環境の不安定化に対処するため、世界各国は国連でサイバー空間の利用方法を議論している。その一つが、国連総会第一委員会におけるサイバーをめぐる議論である。

国連は、2004年から政府専門家会合（Group of Governmental Experts：GGE）を設け、国家による情報通信技術の利用について議論を続けている。GGEでの議論は、サイバー空間への既存の国際法の適用、サイバー空間における新しい規則や国際法の確立などについてであり、国家による秩序形成のプロセスといえる。

2015年にGGEがまとめた報告書は、情報通信技術の利用に関する規範について、国際平和と安全保障に対する脅威となる情報通信技術の利用を避けるものとし、自発的で拘束力のない規範、規則、原則の提案を行っている。[186] また、この報告書の作成を通じて、GGE参加国は既存の国際法がサイバー空間に適用されることを確認した。

この方針は、サイバー空間における規範に関する複数の会議の基本原則となっている。例えば、2011年にヘイグ（William Jefferson Hague）英外相が主催して以降、隔年開催された国際会議Global Conference on Cyber Space（GCCS）、17年にオランダ政府主導で始まったGlobal Commission on the Stability of Cyberspace（GCSC）、18年11月に開催されたインターネットガバナンスフォーラム（Internet Governance Forum）におけるマクロン（Emmanuel Macron）仏大統領によるパリ・コールにおいて踏襲されている。[187]

しかし、近年のサイバー空間の利用方法に関する議論は、停滞している。国連は18年にサイバー空間における規範や原則を議論するOpen-ended Working Group（OEWG）を設立した。国連総会第一委員会でOEWG設立を主導したロシア代表は、GGEがごく少数の国しか議論に参加できないクラブ合意（Club Agreement）になっており、GGE形式での議論はサイバー空間の発展にそぐわない、と指摘した。[188]

GGEとOEWGの共通の議題は、サイバー空間における規範・規則・原則の確立、信頼醸成措置の決定、キャパシティビルディング、国際法の適用である。一方、両者の違いは適用する国際法にある。例えば、2015年の第4次GGEの文書では、国際人道法の原則（人道、必要性、均衡性、区別）のサイバー空間への適用について、議論を仕切り直そうとする動きがある。中国はOEWGにおいて、国際人道法と武力行使に関する法をサイバー空間に適用することが法的にも技術的にも難しいと指摘した。[189]

ロシアを中心とする国々は、OEWGについてGGEを補完する会議として位置付けている。一方、米国を中心とする国々は、サイバー空間に関する国家の振る舞いを規定するのはGGEであるとの立場をとっている。

また、米国は既存の規範の中でどのように技術的な課題を包含していくかという議論を展開するが、ロシアは新たな規範をつくるべき、と訴えている。そのため、情報通信技術の利用方法に関する国家の性格の違いは、サイバー空間に関する規範において国際的な議論の隔たりを生み出している。

政治的安定性における民間企業の役割拡大

また、国家、社会、経済、および個人の関係性は、情報通信技術によって変わった。GoogleやFacebook等の大規模IT企業などが提供するプラットフォームは、国際政治経済をとりまく環境に影響を与えている。

これまで個人の影響力は、企業や国家と比較して小さかった。しかし、低遅延で大容量の通信が可能となったことで、人々が送受信する情報の種類は、文字だけでなく画像や動画にまで広がった。また、ラジオやテレビのような一方向の情報拡散に加え、インターネットを使用した双方向の情報交換が可能なソーシャルメディアの登場により、個人が直接多くの人に影響力を与えることができるようになった。

２０１０年頃からのアラブの春や、16年の米大統領選挙への干渉といった事象をみれば、情報通信技術は情報交換の手段だけではなく、国際政治における国家、社会、経済、および個人の関係性を変えたといえる。

(2) 生産構造

産業のサービス化と企業の多国籍化を通じた、価値分配の変化

生産構造は、生産される製品・サービスや、労働を行う者とその組織化によって特徴付けられる構造である。情報通信技術による生産の自動化や効率化は情報化を推し進め、情報自体が価値を持つようになった。この変化によって、情報による生産や消費が情報通信以外の分野に拡大した。また、GoogleやAmazon.comなどのIT企業が世界の株式市場で時価総額の上位を占めるようになったことは、産業のサービス化が進み、生産される製品・サービスが変わったことを示している。

これに伴い、インターネット企業は市場の透明性や情報通信技術の利用に関する公正性に影響を与

えるようになった。具体的には、利用者が増えることにより製品・サービスの価値が高まり、さらなる利用者の増加につながるネットワーク効果を利用したデジタルプラットフォーマーによる市場の独占と、パーソナルデータの取得やデータに基づく属性の分析といったデータの利用方法に関わる富や公正さなどの価値の分配における変化を生んだ。

労働を組織する方法の変化

また、情報通信技術は労働を行う者を組織する方法に影響を与え、企業の海外への業務委託や多国籍化を進めた。企業は、情報通信技術を使用して意思決定をすることで、フィードバックを短時間で得ることが可能となった。つまり企業は多国籍化を進めたとしても、親会社が海外子会社の戦略の意思決定に積極的に関与することが可能となり、予算編成、オペレーション、原価管理をグローバルで行うことができるようになった。

この変化により、企業は海外の安価な労働市場へのアクセスを通じた人件費の縮減だけでなく、海外市場へのアクセスによる利益機会を増やすことができた。特にこの点はＩＴ企業において顕著である。例えば、マイクロソフトやＩＢＭなどの米国のＩＴ企業がインド国内の優秀な人材を活用して、ソフトウェア開発を海外で行うようになっている。その背景として、フリードマン（Thomas Friedman）は、インドの条件の良さと情報通信技術によって国際的な共同作業が容易になったことなどを挙げている。[190]

２０００年代初頭までにインドのＩＴ産業は、企業の優秀さ、雇用の安さ、および英語によるコミュニケーションによって欧米からの海外委託が増え、その規模を拡大させた。きっかけは、１９９０

年代後半のコンピュータの2000年問題への対処における欧米の労働力不足やITバブルにおける好景気があった。その後も欧米企業はインドに対する投資を行い、情報通信分野はインド経済の牽引役となった。インドにおけるソフトウェア・インターネット産業分野の研究開発は、すべての産業における研究開発を通じて最大の人材雇用を誇るほどになっている。[191]

労働を行う者とその組織化の方法も情報通信技術によって変わった。オンライン上の共同作業を実現するプラットフォームは、地理的に離れた企業の共同作業を実現可能とし、労働を組織する方法を変えた。このプラットフォームは、これまでの企業における情報のやりとりを、電子メールなどのインターネット上で標準化された通信方法に統一し、情報の送り手と受け手の間の準備や了解を省いて始められるようにした。

(3) 金融構造

情報通信技術は、与信の基盤となる情報量を高めることに寄与し、国際的な決済を情報通信ネットワークで実現した。

金融構造は、信用の創造と通貨システムによって特徴付けられる。情報通信技術は、コンピュータを利用したオンラインシステムなどの金融構造を支える要素に影響を与えて金融サービスを効率化しただけでなく、フィンテックなどの新たな信用創造の可能性を提示している。

例えば、金融機関は情報化によって様々な情報を収集・分析してリスク判断することが可能となり、資産運用や取引、リスクヘッジ、リスクマネジメント、投資に関する意思決定の方法を変えた。また、フィンテックは、これまで銀行口座を持たなかった人々がモバイルバンキングなどで金融サービスを利用できるようにしたり、クラウドファンディングやデジタルレンディングのように企業や個人が金融機関以外から資金を調達する手段をつくり出した。

デジタル経済において、プラットフォーム企業が果たす役割は大きい。伊藤亜聖は、プラットフォーム企業の信用創造に果たした役割について、互いに未知の売り手と買い手の間にあった情報の非対称性を小さくし、透明性と信用を創出したと指摘している[192]。

また、政府機関や金融機関は、より多くのデータに基づいて意思決定をするようになった。金融市場や決済システムは、大量の情報を効率的に処理する場であり、世界中の政府機関や中央銀行は、物価統計や企業サーベイ、金融統計など、数多くのデータの収集や集計を行っている。これらのデータがつくり出すビッグデータの活用は、金融政策などのマクロ政策を遂行する上で欠かせないものとなっている[193]。

ＩＢＭは、ビッグデータの特徴を、大容量（Volume）、多様さ（Variety）、速さ（Velocity）、および正確性（Veracity）としている[194]。これらのうち、大容量と多様さはビッグデータに欠かせない特徴である。これと同時に、データ入出力・処理の速さとデータの性質に合わせた統計処理の正確性は、政策決定の基礎となるデータを取り扱う際の重要な特徴であり、政策決定の速さと正確性に影響を与える。そのため、政府や中央銀行は、多くのデータに基づく政策決定を重視し、新たな技術が与える市場価格の形成や市場構造などへの影響を注視するようになった。

さらに、通貨システムにおいて情報通信技術は、世界中の金融機関間での決済を可能としたほか、新たな通貨の基盤を形づくっている。国際銀行間通信協会（Society for Worldwide Interbank Financial Telecommunication：SWIFT）は、金融機関同士の取引を実現するクラウドコンピューティングサービスを提供し、金融系の通信フォーマットの共通化、データ処理システムの共有、および世界的ネットワークの設立を目指している。SWIFTは2020年に約95億件の送金や決済などを処理しており、国際金融に欠かせないインフラを提供している。[195]

また、バハマやカンボジアは、2020年にデジタル通貨を発行し、欧州、日本、中国も21年以降の発行を検討している。国際決済銀行（Bank for International Settlements）の調査によると、デジタル通貨に関して、2021年時点で世界の86%の中央銀行が研究を実施しており、14%の中央銀行が試験的なプロジェクトを実施している。[196]

経済制裁の実効性の低下

金融における権力中枢という観点からみると、情報通信技術による金融構造の変化が、国家による経済制裁の効果を低減させていることが挙げられる。

経済制裁は、各国の協調した制裁実施と履行状況の監視によって実効性が担保されている。しかし、ビットコインなどの暗号資産は、銀行などの第三者を介することなく、財産的価値をやりとりすることが可能な仕組みであり、以前から国家による規制が及びにくかった領域を拡大した。

また、一部には取引記録の閲覧が不可能な暗号資産もあり、このような暗号資産は資金洗浄に利用されやすい。例えば2018年1月に仮想通貨取引所サービスを提供するコインチェックがサイバー攻撃を受け、保持していた約580億円相当の暗号通貨NEMが不正に流失した。攻撃者は、流出した暗号通貨を別の暗号通貨に換金したり、少額の分割送金を繰り返したりして資金洗浄を続けている。

そのため、2018年10月に資金洗浄対策などを扱う政府間会合（Financial Action Task Force）が、各国協調による暗号資産業者への規制を求める勧告を採択し、日本も国内法を改正し対応している。

このような数百億円単位の資金が、国際的な監視機能を回避して流通している状況は、経済制裁の実効性を低下させる要因となっている。このことから、金融における権力中枢が国家や中央銀行にあったとすれば、暗号資産はその状況を変えつつあるといえる。

(4) 知識構造

知識構造の要素は何か

知識構造は、情報の伝達・拒否・排除によって特徴付けられるパワー構造である。知識構造は、コンピュータや通信ネットワークが広く用いられるようになったことと、情報の処理・蓄積・伝送が安価かつ瞬時に行われるようになったことで、変化した。

情報通信技術は、情報の伝達・拒否・排除の手段を変え、個人の政治的な価値判断と国家による規制力に影響を与えている。個人の政治的な価値判断への影響の例として、ソーシャルメディアがある。

ソーシャルメディアは、2000年代に登場し、既存の人間関係をサイバー空間に持ち込み、アルゴリズムによって強化した。このアルゴリズムによる情報の選別や格差の拡大は、利用者の政治的な価値判断に影響を与えている。

パリサー（Eli Pariser）は、ソーシャルメディアのアルゴリズムが利用者の接するインターネット上の情報を選別しており、利用者は見たいもの、読みたいものだけを読むようになる「フィルターバブル」の状態になると指摘している[197]。フィルターバブルは、アルゴリズムが利用者の好む情報を選別している状況を、フィルターによって隔てられたシャボン玉の内側に利用者を閉じ込め、利用者にとって心地よい環境をつくっていることにたとえて表した言葉である。

このフィルターバブルは、利用者が接する情報の拒否・排除が可能である。例えば、Facebook はアルゴリズムによって利用者が共有しそうなコンテンツとそうでないコンテンツを判別し、意見の分かれるようなニュースの表示を減らしていた[198]。

ソーシャルメディアは人や情報に出会う機会を固定化し、経済格差を広げる。佐々木裕一は、スマートフォンとSNS／メッセージングアプリでつくられるアーキテクチャ（プラットフォーム）とその利用者との相互作用が機会格差を広げ、さらには経済格差を広げていると指摘する[199]。機会格差とは、人と出会う機会や、情報に触れる機会における格差のことであり、現実社会における人間関係が豊かな人は、そこから利益につながることも多い。そのため、ソーシャルメディアの人的ネットワークの差異が経済的な格差拡大の要因になるとの指摘もある[200]。

また、情報に触れる機会の格差は、政治的な価値判断に影響を与えている。2016年米大統領選挙は、人的ネットワークの差異がソーシャルメディアにおける情報流通経路の固定化につながり、有権者の政治判断に影響を与えた事例である。ファリス（Robert M. Faris）らの報告によると、トランプ候補を支持する有権者は、複数のソーシャルメディアで極度に限られた情報にのみ触れていたことがわかっている。[201]

この状況は、トランプ候補にとって強固な支持者基盤をつくることに寄与し、投票結果に影響を与えた。この2016年米大統領選挙は、現実世界の人的ネットワークを反映したソーシャルメディア上の情報流通経路がフィルターバブルによって固定化し、政治的な価値判断に影響を及ぼした例だといえる。佐々木は、この状況についてFacebookやTwitterといったソーシャルメディアの種類にかかわらず、既存の人間関係が、接する情報を規定しており、今後はアルゴリズムの影響が大きくなると指摘している。[202]

国家の規制力の変化

国家による規制力の変化は、ステークホルダーと規制行使形態の多様化によってもたらされた。知識構造において、権力者たちは技術によって得られるパワーを独占し、特権的地位の確保を試みてきた。

例えば、第二次世界大戦時のマンハッタン計画では、米国は多くの物理学者を招集し原子力に関する研究を行い、その利用方法を統制した。その後、米国政府は研究成果として得られた核分裂の原理、原子爆弾の製造方法などの知識をどのように戦争に応用するかを管理し、ソ連に対する優位性確保のために技術を独占しようとした。

情報通信の場合、国家だけでなく国際的なインターネット企業も権力者である。なぜなら、民間企業はサービス利用者のデータを保有・処理することが可能であり、システムの変更などにより利用者の知識に影響を与えることができるからだ。

国家は、サイバー空間における規制力を行使している。また、ステークホルダーの多様化によって企業や個人もサイバー空間における振る舞いを規制するようになった。例えば、国家の法制度は一部の高度な暗号技術などの先端技術の貿易や、サイバー空間上の児童虐待画像の流通を規制している。また国家は、通信や放送において利用する電波の周波数帯割り当てや規制を行うことで規制力を発揮している。

その一方で、企業や個人は、サイバー空間を構成するソフトウェアを自由につくることが可能であり、このソフトウェアがサイバー空間における情報交換の方法を規定している。そのため、情報の流通における国家の規制力は低下し、プログラムを書ける民間企業や個人に権力が分散した。レッシグ（Lester Lawrence Lessig III）は、サイバー空間における規制を法、規範、市場、およびコード（アーキテクチャ）の側面から論じた。[203]

レッシグの考え方によれば、法は国家が組織や個人のサイバー空間における振る舞いを法制度によって規制する。規範は、組織や集団などのコミュニティの間での標準的な振る舞いをルールや慣習として規制する。市場は、需要と供給によって決定する価格体系によって、個人や組織の振る舞いを制限する。

コード（アーキテクチャ）とはソフトウェアのソースコードとハードウェアの構成であり、コードはサイバー空間上での振る舞いを規制していることを指摘した。具体的には、利用者を識別し認証するためのＩＤ・パスワードの入力やプロトコルによる通信方式の指定などは、サイバー空間における利用者・機器の振る舞いを規制している。

ステークホルダーの多様化によって国家は規制行使形態を変え、業界団体などを通じてサイバー空間での振る舞いを規制するようになった。この規制は、政府と関連団体による共同規制と呼ばれ、2000年代に欧州が概念を明示的に示した[204]。生貝直人は、この共同規制について研究し、欧州や米国における方法論が試行錯誤を経ながら洗練化されていることを示した。共同規制が発展した要因として、政府による直接規制の能力が限界に達していること、技術進化の速度、社会の複雑化・専門化、およびグローバル化を挙げている。

(5) 情報通信技術による構造間の連結性の増加

情報通信技術は各構造を変えただけでなく、構造間の連結性を高めた

複数の構造を支配することとは、パワーを行使する主体にとって優位な状況をつくり出す。この各パワー構造の連結性が高まることで、複数の構造において国、企業、個人が国際政治におけるパワーを効率的に発揮することができる。

既存の国際政治経済において、情報通信は情報を伝達するための手段であり、各構造の要素の一つであった。従来の通信方法は、現在と比較して伝達できる地理的な範囲や情報量に限りがあった。20世紀後半の情報通信技術の発達により、伝達範囲と情報量が拡大し、安全保障、生産、金融、および知識の構造において情報通信は大きな要素となった。

さらに、情報通信技術は各構造の連結性を高めたことで、国際政治におけるパワー構造の在り方を変えた。例えば生産構造において、市場は、労働力、物流、および情報の届く範囲に制限されていた

図表3－1　安全保障、生産、金融、知識の関係

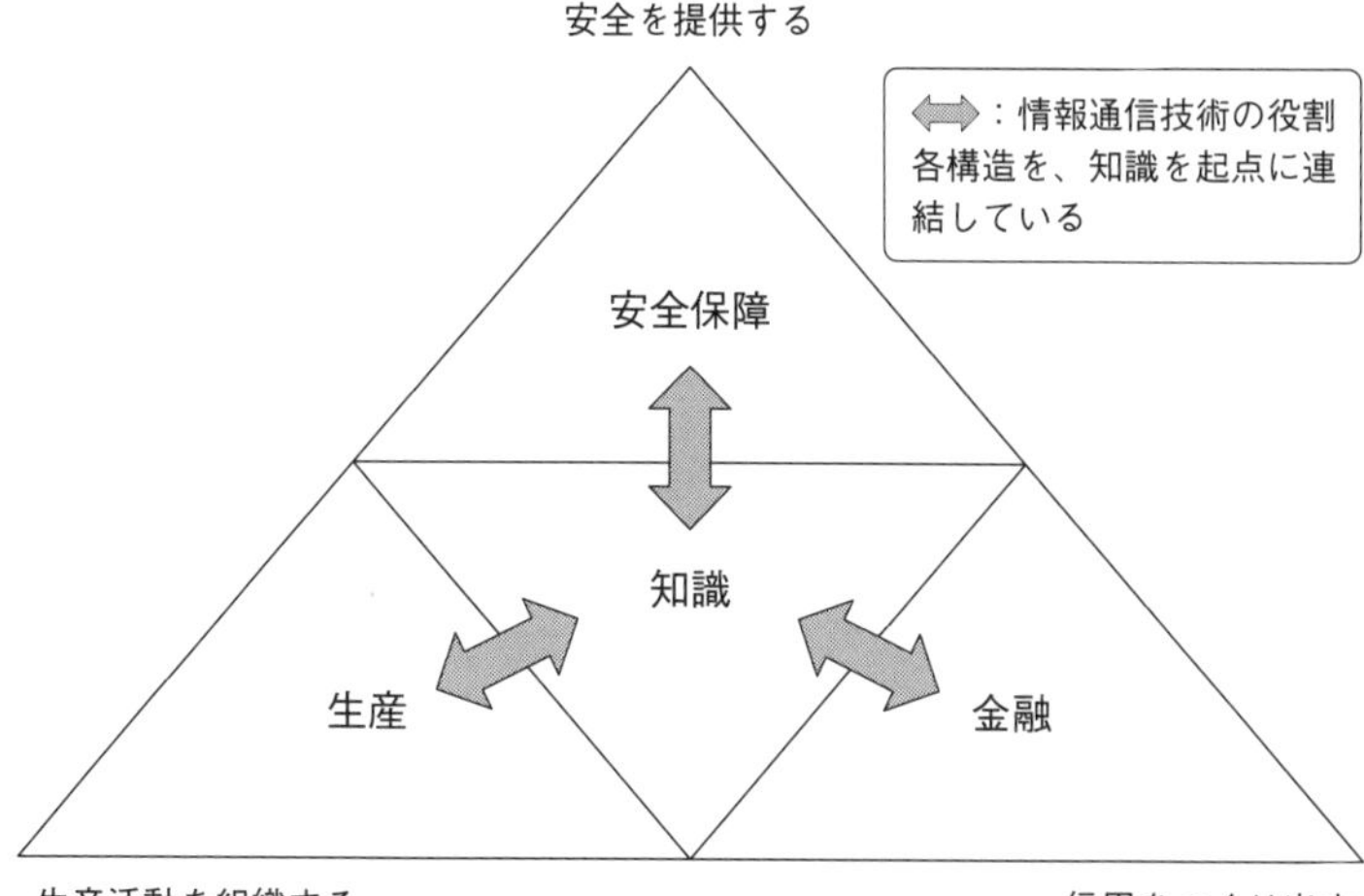

が、情報通信技術と物流網の発達によって国際化した。

　これまでにも各構造はエネルギーや物流による影響を受けていたが、これらと情報通信技術との違いは構造間の連結性にある。

　エネルギーは安全保障、生産、金融、および知識の構造において、石油メジャーと国家間の関係、金融商品としての石油、エネルギー安全保障、および石油採掘、発電技術などで多くの革新を起こした。しかしながら、連結性という点においては、情報通信に及ばない。なぜなら、情報通信は、目に見えるエネルギーや物流を効率化することに寄与するだけでなく、目に見えないサービス分野の貿易にも影響を与えているからである。

構造間の連結性を高めることが総合的なパワーとなる

　構造間の連結性を高めることは、国際政治経済におけるパワーの強化につながる。構造間の連結

性とは、ある構造が他の構造と相互に影響し合う程度である。各構造における情報通信の影響力は、他の構造との連結性を増したことで、国家、市場、社会、および個人の振る舞いを変えるほどに強まった。

例えば、知識構造と安全保障構造の間では情報通信技術によるRMAがあり、戦場のデータを情報化し、情報を体系立てて知識化することで軍事における組織・戦略・作戦・装備品の在り方を変えた。さらに、ソーシャルメディアを通じた過激思想の誇示や拡散は、犯罪やテロといった国家内部での安全に対する脅威にもなる。

また、知識構造と生産構造の連結性が情報通信技術によって増したことで、生産活動はグローバル化した。これによって経済統合が進み、距離を隔てた市場から原料を調達することが可能となり、世界のサービス産業化が進んだ。具体的には、大容量通信回線に支えられたインターネットを通じて、コンピュータ資源を提供するクラウドコンピューティングを利用したサービスが挙げられる。

知識構造と金融構造では、情報通信技術によって金融市場が統合されたことに加え、フィンテックによる新たな金融サービスが生まれた。ビットコインなどの暗号資産の可能性は未知だが、これらで利用されるブロックチェーン技術は、中央銀行デジタル通貨（Central Bank Digital Currency：CBDC）に応用されている。また、あらゆるモノやデータに価値を見いだす社会においては、信用を創造するパワーが政治的に重要である。

例えば、デジタルプラットフォーム上で貸し手が借り手に比較的小規模の融資を行うP2Pレンディングは、2005年に英国のZopaがサービスを提供して以来、米国や中国で融資残高が拡大している。P2Pレンディングはインターネットを通じた資金調達として発展し、融資だけでなく寄付、報酬、投資といったクラウドファンディングを生み出した。

これらを可能とした技術的背景について、左光敦は「(i) インターネット上で、貸手と借手を結びつけることを可能とする情報通信技術、(ii) 従来の銀行の審査では活用されてこなかった情報まで分析し、融資の審査に活用することを可能とするコンピュータ技術」を指摘している。[205] また、情報に基づく信用の創造も進んでおり、アリババ傘下のアントフィナンシャル（螞蟻金融服務集団、現・アントグループ）による芝麻信用は、利用者の行動履歴を基に信用スコアを算出している。

4. デジタルシルクロードと4つの構造

安全保障・生産・金融・知識という4つの構造からみたとき、デジタルシルクロードは共通して中国政府と企業が一体となった施策であり、市場よりも政府の力が強く働くことがわかる。また、4つの構造における施策の成果に着目すると、デジタルシルクロードを通じた施策は、国境を越える影響力に違いがあり、特に核となるはずの知識構造を通じたパワーが不十分であることがわかる。

まず、安全保障構造において、デジタルシルクロードは一帯一路関係国の安全を提供する手段となっている。中国周辺の一帯一路関係国にとっての優先事項は、経済発展、安全保障、国内の治安の安定である。デジタルシルクロードは、通信インフラやスマートシティなどによって受益国に安全を提供している。

受益国にとって、経済成長に欠かせない通信インフラを安価に手に入れることは、経済発展において重要である。たとえ、紐付きの援助が、中国に対する依存度を高め、中国企業なしには運用できないインフラをもたらすものであっても、受益国は政治体制の強化にもつながる経済発展を重視する。

さらに、効率的な公共交通や環境に配慮したスマートシティの実現は、情報通信技術を最大限に利用した都市開発である。スマートシティの要素には、監視カメラ、通信インフラ、および情報システムの連携によるテロや犯罪の防止といった治安対策も含まれている。デジタルシルクロードは、中国国内で培われた技術を提供することで、受益国に政治的な安全性をもたらす。

次に、生産構造において、デジタルシルクロードを通じた多国籍企業のコントロールは効果的に働いている。デジタルシルクロードによる二国間・多国間の枠組みを通じた企業の海外展開支援は、中国企業の多国籍化を推進した。さらに、国家間の覚書に基づく政府保証の付与や紐付き援助によって、プロジェクトを中国企業に受注させるなどの中国政府の意向を反映させることが可能となっている。

ここでいう紐付き援助とは、資金提供にあたって調達先を援助供与国に限定するなどの条件がつくものを指す。日本を含む経済協力開発機構（Organization for Economic Cooperation and Development：OECD）加盟国は途上国向けの紐付き援助を原則禁止しており、国際競争入札によって調達を行うことになっている[206]。

中国はOECDの途上国支援の基準とは一線を画した支援を実施しており、中国輸出入銀行（中国進出口銀行）や国家開発銀行が行う融資の一部は紐付きである。すなわち、デジタルシルクロードは、中国企業による製品・サービスの生産を支援し、それに付随する労働の組織の方法に影響を与えていることがわかる。

金融構造において、デジタルシルクロードは人民元の国際化、オンライン決済・デジタルレンディングの海外展開に影響を与えている。

人民元の国際化について、2016年に国際通貨基金（IMF）が人民元を特別引出権（Special Drawing Rights：SDR）の構成通貨に採用して以来、人民元建て国際決済は増加している。人民元のSDRへの採用は、貿易取引や金融取引における人民元の使用が拡大していることを踏まえた結果であり、2021年1月時点で、SWIFTによる人民元建て国際決済額は、価値ベースで全体のうち5番目に多い2・42％を占めている。[207]

これに対して通貨別の国際決済額は、1番多い米ドルが38・26％、次に多いユーロが36・60％を占めている。人民元建て国際決済額は、2011年10月時点で全体の18番目の0・26％であったものが、約10年間で存在感を表した。また、貿易金融ではドル（87・04％）、ユーロ（6・45％）に次いで人民元は3位の2・15％であった。

これには、一帯一路に関連した資金決済が人民元によって行われていることがある。中国人民銀行は、一帯一路沿線国家における人民元の使用が進展していることを指摘し、物品貿易における人民元の越境受け払いの総額は9945億元で、前年よりも15％増加したことを発表した。[208]

また、中国企業によるオンライン決済・デジタルレンディングの海外展開の例としては、アリババグループ傘下のアントグループが積極的に海外展開をしている。同社は世界的にデータセンターなどのインフラを整備し、中国本土以外においてもオンライン決済Alipay（支付宝）を展開している。さらに、アントグループは一帯一路関係国のジョイントベンチャーと資本提携したり、現地企業を買収したりしてサービスのシェアを拡大している。

金融構造において民間企業が活躍する一方、中国政府はオンライン決済に対する規制を強化している。その背景として、谷口栄治は、中国政府が金融ビジネスの拡大に伴うシステミックリスクを認識し、既存の金融規制・監督の枠組みの中で統制しようとしていると指摘している。[209]また、中国政府は決済データの収集を、デジタル人民元を通じて実施したいと考えており、規制強化によって企業が独占して蓄積している決済データの牙城を崩そうとしたとも指摘している。

知識構造では、デジタルシルクロードはデータ利活用の考え方において影響を与えている。デジタルシルクロードは、EUによるパーソナルデータ保護政策が世界中に影響を与えたように、受益国のデータの利用に対する価値やガバナンスのシステムに影響を与えている。

中国は、データの取り扱いに関する法制度を進めており、2017年6月1日にサイバーセキュリティ法を施行して以降、様々な法案を議論している。その一つが、2021年6月10日に全国人民代表大会常務委員会で成立したデータセキュリティ法（数据安全法）である。

同法案はデータの収集、保存、加工、使用、提供、取引、公開などの規制を検討するだけでなく、法律の域外適用も検討している。具体的には同法2条は、中国国外の組織および個人がデータ活動を通じて中国の国家安全、公共利益、公民組織、および合法的権益を損なった場合に責任を追及する、と定めている。

エリー（Matthew S. Erie）とストレインズ（Thomas Streinz）は、データガバナンスにおける中国の影響力を北京効果（Beijing Effect）と呼んだ[210]。北京効果は、欧州のパーソナルデータ保護政策の影響が世界的に広がったことを形容したブリュッセル効果になぞらえた言葉である。この北京効果は既に一部効果を発揮しつつある。しかし、データガバナンスにおける影響力は限定的であり、知識構造と他の構造を組み合わせてより多くの成果を得ようとする試みは途上である。

第4章　関係的パワー：インフラとデジタルプラットフォームの整備

1．この章について

この章は、具体例を挙げながら、中国によるデジタルシルクロードを通じた関係的パワーの行使の状況をみていく。まず、ハードパワーの例として、鉄道や道路と合わせて整備される通信インフラをとりあげ、海外と中国を結ぶインフラの冗長性と経済的な連結性の拡大を分析する。また、デジタルシルクロードを通じたハードパワーの行使は、中国政府の強い関与の下で進んでいることを指摘する。

次にソフトパワー行使の例として、中国の情報通信技術を使った社会の管理をとりあげる。権威主義体制と経済発展を両立させた中国は、一部の国の経済発展におけるモデルとなっている。この中国の取り組みは、デジタル権威主義（Digital Authoritarianism）やデジタルレーニニズム（Digital Leninism）と呼ばれている。本章では、デジタルシルクロードを通じたソフトパワーの分析として、中国の情報通信技術を利用した社会の管理がどの程度魅力を発揮しているかを分析する。

2. ハードパワー：経済力とインフラ整備

(1) デジタルシルクロードを通じた通信回線の整備

情報通信インフラの拡大

中国は、デジタルシルクロードを通じて情報通信インフラを拡大している。この情報通信インフラはユーラシア大陸を横断して、中国と一帯一路沿線国の通信の接続性を向上させている。デジタルシルクロードによるインフラ整備は、ユーラシア大陸を中国につながるインフラで覆うという目的だけでなく、中国と周辺国のインターネット接続におけるボトルネックを解消し、周辺国にとってサイバー空間上での中国をより身近な存在にしている。

本章で紹介する事例に共通する問題は、脆弱な技術の導入とデジタル分野の開放性低下である。脆弱な技術の導入については、受益国政府と国民の利用する情報通信インフラに脆弱性を伴う機器が導入される可能性があるということだ。例えば、米国や英国は、ファーウェイ（華為技術）などの中国製通信機器が持つ潜在的脆弱性を指摘している。[211] 製造などの機器導入時に混入したり、導入後のソフトウェアアップデートによって発生したりする脆弱性を問題視している。

また、デジタルシルクロードによる情報通信インフラの拡大は、受益国のインフラやサービスのロックインによって開放性を低下させる。ここでいう開放性とは、システムの一部または全部を交換しても動作を続ける互換性、市場への新規参入がしやすくなること、および透明性を合わせた概念である。

情報通信で利用する機器は、機器の寿命、不具合、または故障だけでなく、新技術の登場などによって機器更新のタイミングを迎える。その際、中国が国内メーカーに対する補助金を提供し、他国のメーカーよりも安価な機器を提供し続ければ、公正な競争を阻害する。

また、その後のインフラの運用やサービス市場の影響によって、受益国のインフラは中国製機器にロックインされるだろう。中国政府が紐付き支援によって中国企業の機器を指定した場合は、互換性が低下したり、市場の新規参入者が減ってしまったりもするだろう。さらに、不透明なシステムや調達制度によって開放性は低下する。

そのため、中国の一帯一路に伴う通信インフラの整備は、受益国の通信インフラを安価に整備することを可能とするものの、開放性を低下させる。

海底ケーブルへの関与

通信回線の整備は、中国のデジタルシルクロードを通じたハードパワーを行使する一つの手段である。中国はこの10年間で海底ケーブルの敷設に関与を強めている。これら海底ケーブルは、陸上で整備されている通信インフラと合わせると、中国周辺国のボトルネックを解消し、海外拠点を結ぶ回線を構成している。中国による通信回線は、陸上のケーブルでユーラシア大陸を覆い、海底ケーブルによって大陸間をつないでいる。ここでは、通信回線敷設における中国の存在感の高まりと、中国政府のデジタルシルクロードを通じた関与の拡大について説明する。

海底に敷設された光ファイバーケーブルは、国をまたぐ通信において、大きな役割を果たしている。日本の場合、国外向け通信の99％が海底ケーブルを介して行われている。国内と国外のコンピュータが通信を行うとき、国内のコンピュータが送信したデータは光信号に変換され、国内の通信回線を経由して日本の海岸沿いにある陸揚げ局から海底ケーブルに入る。その後、光信号は海底の中継器を通過し、相手国の陸揚げ局を出て相手国の通信回線を経由して相手側のコンピュータでデータに変換される。

一般的に、海底ケーブルの敷設・維持管理には多大な投資が必要である。そのため、1990年以降に敷設された海底ケーブルの9割は、複数の企業が参加する企業間コンソーシアムによる資金調達を行っている。米国シンクタンク戦略国際問題研究所（CSIS）のヒルマン（Jonathan E. Hillman）は、このコンソーシアムにおける中国の存在感の強まりを指摘している。[212] ヒルマンによると、2019年時点で中国関連企業は、全世界の海底ケーブル陸揚げ局のうちの11・4％、計画中の24・0％に関与しているという。

例えば、中国の通信事業者である中国聯合通信（中国聯通）が中心となって進める海底ケーブルAsia-Africa-Europe 1（AAE－1）は、香港からシンガポール、エジプトを経由して、フランスまでをつなぐケーブルである。AAE－1は、経路上で一帯一路関係国のある南アジア、中東、アフリカともつながっている。AAE－1はアジア－アフリカ－欧州間の16カ国を結ぶ低遅延かつ大容量の回線であり、2017年6月に一部区間が運用を開始し、現在も回線容量の拡大が続いている。[213]

AAE－1の陸揚げ地点をみると、デジタルシルクロードによって整備された情報通信インフラがユーラシア大陸を覆うようなネットワークになっていることがわかる。AAE－1の陸揚げ地点には、シンガポール、マレーシア、タイ、ミャンマー、カンボジア、ベトナム、インド、パキスタンといった一帯一路参加国が含まれている。これらの場所は、既存の海底ケーブルが陸揚げされていた地点であることに加え、ラオスやパキスタンのように内陸部との通信インフラを整備して中国本土との情報通信インフラにおけるボトルネックを解消した地点でもある。

ボトルネックの解消

中国には、通信インフラにおける地理的なボトルネックが複数ある。これらのボトルネックは、中国にとって海外と中国を結ぶインフラの冗長性と経済的な連結性における課題となっている。中国はボトルネックを解消するために、デジタルシルクロードを通じて通信インフラを整備し、経済的な関係を構築している。

中国が他国と通信する際に利用するインフラは、主に大容量の通信が可能な海底と陸上に敷設された光ファイバーケーブルである。中国の海底ケーブルへのアクセスは東海岸からが主であり、東シナ海や南シナ海に面した広州、香港、上海付近に集中している。中国国内に置かれたコンピュータは、これらの場所から海底ケーブルを通じて、アジア、欧州、米国、アフリカ、またはオーストラリアなどに配置されたコンピュータと通信を行う。

海底ケーブルは、海峡や海底の構造により敷設できる場所に地理的な制約がある。そのため、海峡などの光ファイバーが集中する箇所は、致命的な障害が起こると通信断絶やシステム全体が動作しなくなる可能性があり、通信インフラのボトルネックとなっている。

例えば、２００６年に起こった台湾沖地震は、台湾とフィリピンの間のルソン海峡に集中していた海底ケーブルを損傷させ、日本や東南アジアのインターネットがつながりにくい状況となった[214]。台湾南西沖は北アジアや北米と東南アジアを結ぶ海底ケーブルが集中する場所であり、復旧までの49日間、海底ケーブルの損傷はこれらの国を結ぶ通信に影響を与えた[215]。

このボトルネックの解消は、中国にとって通信回線の冗長性だけでなく、周辺国との経済的な連結性をも高める効果がある。通信回線の整備ルートは、シルクロード経済ベルトと21世紀海洋シルクロードに沿っており、一帯一路によるプロジェクトが展開されている地域と同じ地域にある。

例えば、中国雲南省昆明からラオスを経由してシンガポールに抜けるルートは、マラッカ海峡を避けることができるだけでなく、中国国内と東南アジア諸国を結ぶことで経済的な連結性を強化している。これらの通信回線は、第5世代移動通信システム（5G）などの基幹網として活用可能である。また、発展途上国では電力や運営者の不足から、データセンターを設置することが難しいことがある。その際に通信の遅延が少ない回線は、中国国内や受益国周辺のデータセンターを用いたクラウドサービスの展開を可能とする。

一方、陸上に敷設された光ファイバーケーブルの通信品質は、シルクロード経済ベルト上で不均一である。その理由は、陸上に敷設されたケーブルは、複数の国を通過することになり、各国の費用負担や障害時の対応が一様でないためである。一部の陸上の回線は、中国からユーラシア大陸を通じて欧州やアフリカに到達しているが、通信回線の品質が不均一であることは長距離通信を困難とするため、中国企業が中央アジアに進出してサービス展開をする上で不利な条件となる。

(2) 道路・鉄道と組み合わせた通信インフラ整備

中国は、デジタルシルクロードを通じて道路や鉄道と組み合わせた通信インフラの整備を行っている。ここでは、ラオスとパキスタンの例を挙げ、中国が地理的なボトルネックを解消しようとしていることを示す。

中老鉄路(中国ラオス鉄道)

中老鉄路(中国ラオス鉄道)は、一帯一路における東南アジアを結ぶ鉄道整備プロジェクトである。この中国ラオス鉄道は、中国の昆明とシンガポールを結ぶ高速鉄道計画の一部であり、中国・インドシナ半島経済回廊(CIPEC)の一部を形成している。ラオスの首都ビエンチャンと中国国境のボーデン間の414kmを結ぶ中国ラオス鉄道の予算は、約400億元(約57億ドル)であり、予算の7割を中国が、3割をラオスが出資する。[216]

この鉄道計画の一部として、ファーウェイは約367万ドルで情報通信技術提供に関する契約を締結している。この契約では、5年間の中国ラオス鉄道の建設期間において、ラオス・中国鉄道(Laos-China Railway Company)、ラオテレコム(Lao Telecom)、ラオアジアパシフィック(Lao Asia-Pacific)、ラオスファーウェイ(Laos Huawei)の4社が、線路沿いに整備した通信インフラでインターネット、携帯電話サービスを提供する予定である。[217]

ラオスにおいてファーウェイは、情報通信分野で存在感を示している。ファーウェイは1998年にラオスの通信事業者、政府、一般消費者向けの事業を開始した。ラオスの通信ネットワークサービスにおけるファーウェイのカバー率は約70%といわれており、ラオス国内での携帯電話シェアは1位である。[218]

先述の計画によって、中国は光ファイバーネットワークが集中するシンガポールへ陸上線でつながる。また、中国由来のネットワーク技術がマレー半島を縦断する。中国とのサイバー空間での接続性という側面からみれば、これまでラオスはＣＩＰＥＣにおけるボトルネックであった。

ＣＩＰＥＣに含まれる国々のうち、ラオスとカンボジアの光ファイバーなどで構成される固定ブロードバンド環境の普及率は２・５%であり、同経済回廊に含まれるシンガポール98%、マレーシア67%、タイ36%、ベトナム36%と比べて低かった。[219] ラオスを縦断する鉄道に沿った通信回線の整備によってこのボトルネックを解消すれば、中国と経済回廊上の関係国との接続性は大きく向上する。

中国・パキスタン経済回廊

中国・パキスタン経済回廊（ＣＰＥＣ）は、一帯一路の南アジア地域における取り組みであり、中国とパキスタンが２０１５年に署名した総額４９０億ドルの複数のインフラ整備プロジェクトから構成される。中国とパキスタンは、双方ともインドと対立状態にあるため、近い関係にある。そのため、パキスタンは中国の支援を受け入れやすい。ＣＰＥＣは一帯一路における二国間の経済回廊であり、一帯一路の中でも多くのプロジェクトが実施されている。情報通信インフラの整備もＣＰＥＣの一部であり、商用運用も始まっている。

ＣＰＥＣにおける通信インフラ整備には予算３７００万ドルが投じられ、中国－パキスタン間の光ファイバー回線が２０１８年7月に開通した。[220] この光ファイバーは、ＣＰＥＣにおけるプロジェクトの一環である道路整備に合わせて、中国－パキスタン国境のクンジュラブ峠からイスラマバードの南のラワルピンディまでの約820㎞の区間に敷設されている。

このプロジェクトで設置された通信回線により、中国はパキスタンとの通信におけるボトルネックを解消し、パキスタン国内を経由することでインド洋に敷設された海底ケーブルへ接続することが可能になった。

この回線整備に関わったのは、パキスタンの通信事業者Pakistan Telecommunication（PTCL）、中国電信（China Telecom）、およびファーウェイである。資金のうち85％は、中国輸出入銀行の融資によって行われた。PTCLは、同国の固定ブロードバンド環境の95％を提供している通信事業者であり、2008年からファーウェイとともに同国の光ファイバー網整備を行っている。さらに、2017年にはPTCLとファーウェイはパキスタン国内におけるネットワーク設備の更改を行い、大容量通信インフラを整備している。[221]

中国が海底ケーブルへのアクセスを意識していることは、中国電信とPTCLが結んだネットワーク構築に関する覚書からもわかる。中国電信とPTCLは、2017年にパキスタンと中国を結ぶ光ファイバーネットワークの構築に関する覚書を結んだ。中国電信は、この覚書に関するPTCLのプレスリリースにおいて、PTCLの光ファイバーネットワークを活用することで、中国とパキスタン周辺国への接続、海底ケーブルを利用したより高速な欧州との接続を可能とすると発表している。[222]

(3) ボトルネックの先にある海外拠点を結ぶ通信インフラ

ボトルネックの解消と海外拠点

海外に進出する中国のインターネット関連企業は、海外にデータセンターを多数保有している。世界中に設置されたデータセンターとそれらを結ぶ情報通信インフラは、グローバルで高品質なサービスの提供に欠かせない。

例えば、人々の生活に密着したWeChat（微信）を支えるインフラは、世界中に設置されたテンセント（騰訊）のデータセンターである。テンセントは中国を中心に、欧州、中央アジア、東南アジア、日本、米国などでデータセンターを運営している。[223] デジタルシルクロードで整備される通信インフラは、データセンターと利用者を結び、中国企業の提供するプラットフォームでオンライン上のコミュニケーションを実現している。

WeChatは、利用者が発信する情報を、通信回線を通じてデータセンターのコンピュータに伝え、コンピュータがメッセージを処理し、通信回線を通じて相手方に届けることでサービスを提供している。

利用者の双方が中国国外にいる場合、中国国内のデータセンターに情報を転送するよりも、地理的に近いデータセンターで処理を行う方が、通信にかかる時間が少なく、効果的に情報を処理できる。そのため、グローバルにサービスを展開する企業にとってデータセンターの分散配置と通信インフラ整備は、サービス普及のための前提条件といえる。

また、デジタルシルクロードによるインフラ整備は、欧米中心インフラからの脱却を目指す動きといえる。中国が欧米中心の通信インフラからの脱却を進める背景には、独自の情報通信インフラを構築することで、他国の諜報活動から自国のデータを守ろうとする意図もある。

それには、2013年6月6日、スノーデン（Edward Snowden）からの内部告発に関する英ガーディアンと米ワシントン・ポスト両紙の報道によって、米国政府が外国情報監視法702条（FAA702）に基づき、光ファイバー回線を利用するデータを収集するUpstream計画とMicrosoft、Yahoo、Googleなどのデータを収集するPRISM計画の存在が明らかになったことも背景にある。[224] また、中国はインフラだけでなくサービスにおいても、欧米からの脱却を目指している。中国本土ではGoogle、Facebook、Amazonにおける一部サービスを利用することはできない。その代わり、百度、微博、淘宝網といったプラットフォームが用意され、これらは中国国内だけではなく世界中に展開している。

中国の情報通信技術を利用した社会の管理は、通信インフラを通じて海外まで広がっている。例えば、国境を越えたWeChatの通信内容が検閲されていることが、カナダのトロント大学Citizen Labの実験によって明らかになっている。[225]

Citizen Labは、カナダと中国の間でWeChatを利用したメッセージ交換を行い、"China Arrest Human Rights Defenders"という文章を単語別に送る場合と、一連の文章で送る場合を比較したとき、一連の文章は受信できなかったと報告している。また、Citizen Labは、文章だけでなく画像についても送信できないものがあったと報告している。すなわち、WeChatを通じたメッセージは通信路上

図表4−1　経済回廊と通信回線

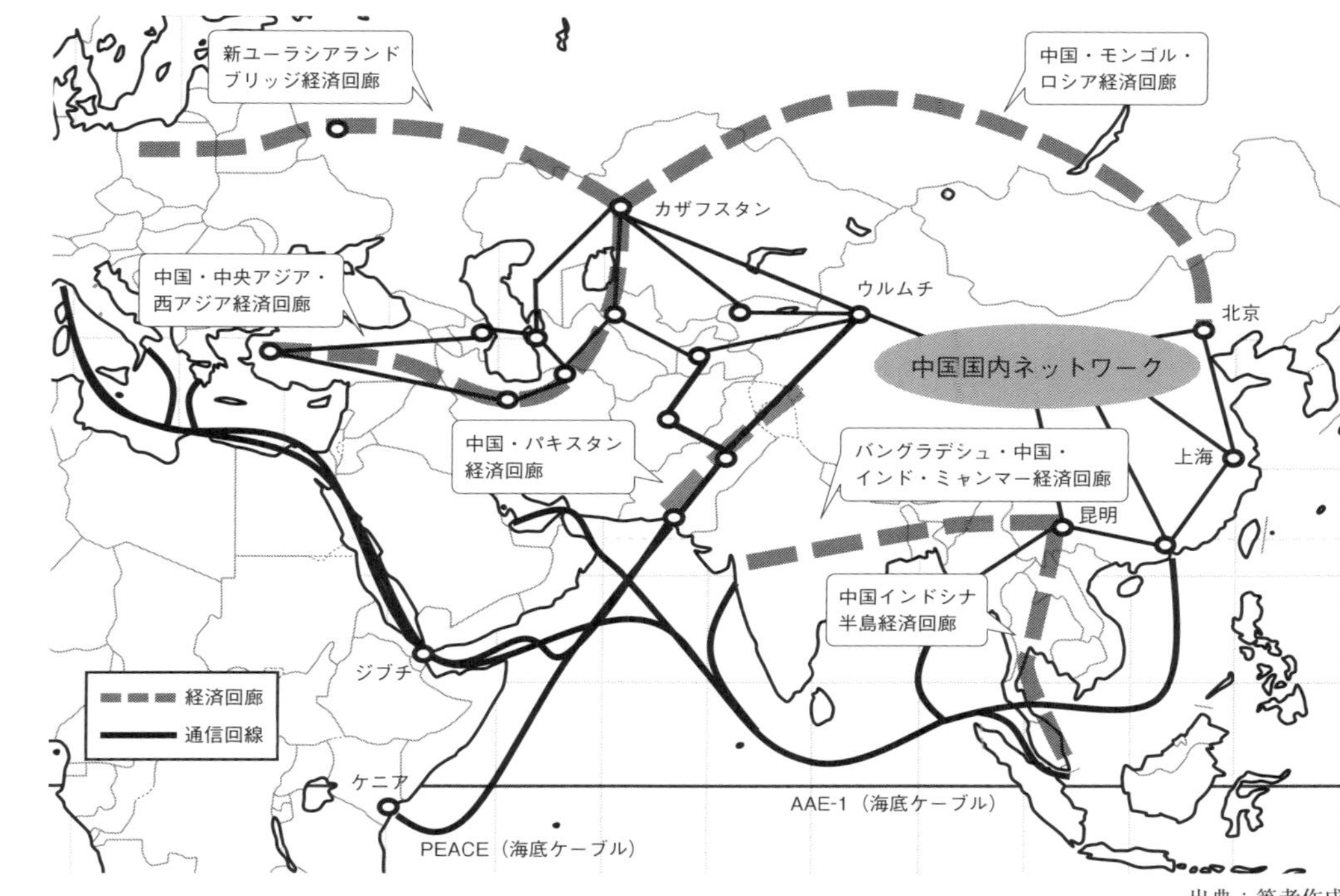

出典：筆者作成

でテンセントによって検閲され、問題のあるメッセージは有害情報などとして処理されていることがわかる。

ロイター通信によれば、テンセントはこの実験結果について「サービス提供を行う国の国内法に従う」とコメントした。[226] そのため、テンセントは中国と他国の国境をまたぐ通信の場合には、中国国内法に従ってサービスを提供するといえる。すなわち、民間企業が中国の国内法を遵守することで、中国の情報通信技術を利用した社会の管理を広げていることがわかる。

デジタルシルクロードとジブチ保障基地

ボトルネックの解消は、中国の軍事的なプレゼンスにも欠かせない。中国人民解放軍海軍は、海外拠点としてジブチ保障基地を保有している。この基地は、中国が2017年8月から海外権益確保のためにシーレーンの安全確保、外洋部隊の開発、または国際的な安全保障協力を目的として設置したものである。[227] 中国企業は、この基地と中国本土を結ぶルートに海底ケーブルPEACE（Pakistan and East Africa Connecting Europe）を敷設している。

中国はCPECにおいてパキスタンからアラビア海に抜ける陸上の光ファイバーケーブルを整備することで、中国の東海岸から海に出るルートだけでなく、中国内陸部からパキスタンを経由しアフリカへ到る最短ルートを整備した。軍民融合による民間インフラの軍事利用の考え方に基づけば、人民解放軍がこの通信回線を主要な回線として利用している可能性は高い。

PEACEは、中国、南アジア、およびアフリカを政治的・経済的に結びつけている。国家発展改革委員会は、2019年にパキスタンの通信ハブ（グワダル港とカラチ港）、ジブチ、エジプト、およびケニアを結ぶPEACE海底ケーブルプロジェクトを投資対象に指定した。

このことは、PEACEがデジタルシルクロードの欠かせない要素であることと、中国政府が主導して海底ケーブルの開発を行うことを示している。さらにPEACEの開発経緯と参加企業をみると、光ファイバーケーブルが中国、南アジア、およびアフリカを政治的・経済的に結びつけていることがわかる。

中国企業が中心となって進めるPEACE

PEACEは中国企業が中心となってコンソーシアムを形成したケーブル敷設プロジェクトである。PEACEの敷設は、2017年10月19日、ファーウェイの関連会社であるファーウェイマリン（華為海洋網絡 Huawei Marine Networks、現・華海通信技術）、回帰線科学（Tropic Science）、中国ASEAN情報港（中国－東盟信息港）、中国建設銀行（China Construction Bank）の覚書への署名から始まった[228]。

このプロジェクトでは、中国建設銀行がプロジェクトファイナンスを担当し、回帰線科学が投資を行い、ファーウェイマリンが回線の敷設を行う。ファーウェイマリンは、光ファイバーケーブルの調達先として、江蘇亨通光電（Hengtong Optic-electric）を選択した。その後、2018年に江蘇亨通光電は、100％子会社としてPEACE Cable International Networkを香港に設立した。PEACE Cable International Networkは、PEACE敷設の管理と運用をすることになっており、PEACEが商用稼働した後には回線利用者から利用料を徴収することが可能である。

PEACEは、中国とアフリカを最短経路で直接結んでいる。2020年11月時点でPEACEは地中海のケーブルを敷設中であり、21年に商用稼働する。[229] この回線は、中国とパキスタンを結ぶ陸上のケーブルと接続することで、初の中国からアフリカに直接接続する光ファイバーケーブルとなり、従来の回線と比較して約半分の長さになる。すなわちPEACEは、北京とジブチ保障基地の間で安全に情報を運べる最短経路を提供している。

中国政府の強い関与の下で進むプロジェクト

海底ケーブルプロジェクトに関与する企業は、中国政府と強いつながりを持っている。そのつながりを保有する企業は、ファーウェイだけではない。ファーウェイは、2009年に英国のGlobal Marineとともにファーウェイマリンをジョイントベンチャーとして設立し、海底ケーブルの敷設に参入した。その後10年間に華為海洋網絡は、90のプロジェクトを通じて全長5万361kmのケーブルを新規に敷設した。敷設しているケーブルは、東南アジア地域の島嶼間をつなぐ比較的短距離の敷設・更新から、1万4530kmのイギリス－アフリカ大陸の西側を覆うWest Africa Cable System（WACS）まで様々である。[230]

しかし、ファーウェイは海底ケーブルの敷設事業から撤退する。2019年6月にBloombergは、米国のファーウェイに対する制裁を受けて、江蘇省の光通信ネットワーク企業である江蘇亨通光電がファーウェイの保有するファーウェイマリンの株式51％を購入することを上海証券取引所に届け出たと報道した。[231] その後、2020年3月6日に江蘇亨通光電は株式の購入を完了し、ファーウェイマリンを子会社としたことを報告した。[232] これによってファーウェイは、海底ケーブル事業から撤退することになった。

ファーウェイマリンの撤退に伴い、プロジェクトの中心的な存在はファーウェイから江蘇亨通光電に移った。江蘇亨通光電を通じた中国政府の同プロジェクトに対する関与も強い。

ファーウェイから事業を引き継いだ江蘇亨通光電は、軍民融合を推進する企業である。江蘇亨通光電の所属する亨通グループは、1991年に設立された光ファイバーや送電ケーブルを製造する企業である。中国蘇州市政府は、亨通グループの光ファイバーケーブルに関する成果を軍民融合によるものであると指摘しており、同社が人民解放軍と関係を有していることがわかる。[233]

中国は国家情報化発展戦略綱要において、強大な国際競争力を備えた一連の大型グローバルネットワーク通信企業の育成に取り組むことを明言しており、国家発展改革委員会の2019年の投資決定を考えると、中国政府の江蘇亨通光電に対する影響力は強い。

また、海底ケーブルは、信号のゆらぎを精密に計測することで、海底の状況を把握するためのセンサーにもなる。このセンサーと計測技術を組み合わせたシステムは、既に海底ケーブルを利用した地震および津波のデータ観測において実績を積んでおり、防災を目的とした地震の観測網として日本、米国、欧州で開発が進んでいる。[234]

江蘇亨通光電もまた、海底観測用の技術を開発している。[235] もし、中国が海底観測を通じて、ジブチ近くのバブ・エル・マンデブ海峡を通過する船舶を監視することが現実となれば、地中海からスエズ運河を通ってアラビア海に来る船舶を常時監視できるようになる。

海底ケーブルの敷設における経済的・政治的なつながり

海底ケーブルは、海外につくられた中国主導の経済特区と中国本土を結ぶことで、中国の影響力拡大に寄与している。２０１４年１月27日に、ジブチ政府と民間企業の達之路が経済特区を設立する覚書に署名した。中国外交部によると、この覚書は、達之路が経済特区の土地を90～99年間リースする権利を有することや、達之路がジブチ政府の承認なしに経済特区に空港や港、船舶修理、金融、通信、医療に関連した施設を中国の基準や仕様に基づいて設置することを許可している。[236]

ジブチは紅海とアデン湾の間のバブ・エル・マンデブ海峡に面しており、この海峡は、インド洋から欧州に向かう航海・海運・海底ケーブルの通過点であり、地政学上の重要な海峡である。さらに、ジブチの経済特区を管理する達之路の何烈輝董事長は、ＰＥＡＣＥに投資する民間企業の回帰線科学の董事長でもある。また、何烈輝氏が在ジブチ中国大使館の特別顧問でもあることを考えると、中国政府のＰＥＡＣＥへの関与はかなり強いといえる。

3．ソフトパワー：中国の仕組みを魅力的にみせる

(1) 権威主義体制と情報通信技術

中国のソフトパワーの源泉は、権威主義体制と経済発展を両立させた実績である。中国は、情報通信技術を使って社会を管理し体制を強化する政策の魅力によって、一部の国の経済発展におけるモデルとなっている。

例えば、中国が行っているインターネットのコンテンツに対する規制は、国民が政治体制に不利な

情報にアクセスできないようにすることで、権威主義体制をより強固なものとしている。また、データ主権は、体制に脅威となるあらゆるデータを管理することで、社会秩序の管理や安全保障を強化している。

コンテンツ規制の例としては、２００８年12月に中国の民主活動家・劉暁波氏が起草した08憲章がある。08憲章は共産党の一党独裁体制の廃止を求める内容であり、中国政府はインターネット上で公開された08憲章を、国家の安全や社会的公共利益を阻害するものとみなした。その後、中国政府は劉氏を拘束した後、国家政権転覆扇動罪で起訴した。その頃の中国国内で検索エンジンを利用した08憲章に関する検索結果は、ヤフーチャイナが検索結果を表示せず、グーグルチャイナが政権が劉氏や民主化運動を批判する内容のみを表示するといったものであった[237]。

これ以降も、中国政府は、香港国家安全維持法に基づき、２０２１年に香港の民主化運動を支援するウェブサイトを閉鎖するなど、コンテンツ規制を強化している。

権威主義国家は、情報通信技術を活用する一方、国民を中央集権的なシステムのユーザーとして囲い込み、情報へのアクセスの権利や自由を制限する。情報通信システムの場合、システム管理者はユーザーやグループの権限を階層的に設定し、ソフトウェアの利用やデータへのアクセスを制限する。権威主義国家は、政府が自国の情報通信インフラの管理者となり、国民による情報通信システム利用方法を法律によって規定している。

権威主義国家と自由主義国家の違いは、「法の支配」にある。権威主義国家は、「法による支配」によって情報システムの利用を制限しており、その目的は、自国の体制維持や民衆の政治への参加を規制することにある。自由主義国家は、法の支配の下に情報通信システムの利用を制限しているが、同時に専断的な国家による支配を防いでいる。そのため、両者の違いは、ユーザーによるネットワークの構成が自律的かどうかと、ユーザーが表現の自由と技術の活用によって政府の行動を抑制できるかにあるといえる。

(2) 中国の仕組みはどの程度魅力を発揮しているのか

中国の技術の社会実装に関する価値は、どの程度魅力的なのか。この中国の取り組みは、デジタル権威主義やデジタルレーニニズムと呼ばれている。[238]

国ごとに程度の差はあるが、デジタル権威主義は拡散している。国際NGOのフリーダム・ハウスは世界中のインターネット利用の制限状況を評価し、中国とウズベキスタンを最も強く制限している国と指摘した。[239]

この評価で用いた指標は、①ソーシャルメディアなどのコミュニケーションプラットフォームの遮断、②政治・社会・信教に関する情報の遮断、③意図的な情報通信ネットワークの妨害、④政権支持派によるオンライン上の議論の主導、⑤検閲や罰則を強化する法律や命令、⑥監視を強化したり匿名性を制限したりする法律や命令、⑦政治的・社会的なコンテンツを理由としたブロガーや情報通信システム利用者の逮捕・拘留・勾留延長、および⑧政府に対する批判や人権団体への技術的な攻撃である。

フリーダム・ハウスは、中国とウズベキスタンはこれらの指標のすべてにあてはまる国としており、ロシア、ベトナム、キューバ、トルコ、およびイランをこれら8個の指標にあてはまる国と指摘している。一部の国は、中国の取り組みを模倣しており、中国の情報通信技術の社会実装に関する考え方に協調しつつあるといえる。

中国と同様のアプローチをとるためには、情報通信技術の社会実装として、設備を設置するだけでなく、法律や制度の整備が必要である。中国は2000年9月の電信条例施行以来、インターネット規制を強化している。

中国政府は、2017年6月施行のサイバーセキュリティ法や20年1月施行の暗号法（密碼法）を通じて、サービスプロバイダの公安当局への協力や暗号化された情報の取り扱いを定めている。また、2021年9月施行のデータセキュリティ法は、他国に保存されるデータに対する規制の域外適用や、他国が中国に対してデータの利用に関わる投資・貿易において不利な取り扱いをしたときには同等の措置をとれることを定めている。

これらの法律は、中国共産党の考えるサイバー空間における原則を法律で定めたものである。権威主義的な国を中心として同様の価値観が広がれば、中国流の社会の管理方法は世界のルールの一部となり受け入れられていくだろう。

中国と同様の法整備は、発展途上国を中心に広がっている。例えば、中央アジアのカザフスタンでは、同様のアプローチによってインターネットを規制している。2009年に同国のナザルバエフ（Nursultan Nazarbayev）大統領は、インターネットやブログ、ソーシャルメディアなどの各種メディアを検閲する法律に署名した。また、同国のアバエフ（Dauren Abayev）情報通信大臣は、過激主義やテロリズムに関連するという理由で、9000以上のウェブサイトをブロックするよう要請した。

さらに2017年にカザフスタン政府は、同国の情報機関にインターネットアクセスポイントに対するアクセス権限を与える規則を可決したほか、ウェブサイトにテキスト認証またはデジタル署名によるすべてのコメント者の登録を義務付けた。また、2017年に発表されたカザフスタンの電気通信に関する戦略では、高速ネットワークインフラを備えたスマートシティの構築を目指している。これらは、カザフスタン政府が中国同様のアプローチによって社会を管理しようとする取り組みである。

第5章　構造的パワー：安全保障、生産、金融、知識と情報通信技術

1．この章について

中国は、デジタルシルクロードや関連する政策を通じて国力を強化することで、構造的パワーを行使しようとしている。安全保障構造、生産構造、金融構造、および知識構造の各構造において、中国は影響力を強めている。以降では、情報通信分野から各構造における事例を捉えたとき、これらが構造的パワーの行使の例となっていることをみていく。

2．安全保障構造：スマートシティと軍民融合

安全保障構造における中国の影響は、デジタルシルクロードを通じたスマートシティの海外展開と軍民融合の状況からわかる。

スマートシティは、情報通信技術を利用して都市のデータを収集・分析し、都市の計画・整備・管理・運営を高度化する技術の集合体である。スマートシティによって、行政は急速な都市化によるインフラや環境面における負荷増大への対応が可能となり、人々は経済成長や安全の確保により質の高い生活を実現することができる。例えば、都市の状況をカメラやセンサーで把握することで、災害に伴う被害の低減や犯罪の認知が可能となる。

次に軍民融合は、中国の民間の技術や施設を軍事に応用し軍事力の向上を試みる動きであり、２０１５年に習主席の主導により国家戦略の一つとなった。その背景には、中国人民解放軍の近代化に関する予算の不足がある。人民解放軍は、設備の老朽化や装備品の近代化などのために多額の予算を要求しているが、中国政府はその実現に十分な予算を手当てすることができていない。そこで、軍民融合により中国政府が民間の資本を活用して、調達を効率化するだけでなく、民間の道路、鉄道、空港、およびその他のロジスティクスやサービスを活用することで、軍事力の増強をはかっている。[240]

(1) スマートシティによる安全の提供

中国は国内で培った技術を基に、スマートシティを海外展開している。中国政府はスマートシティによる社会の管理を強化する方針を掲げ、その鍵となるのはデータとそれを処理するプラットフォームとみている。これらを海外展開することができれば、中国の技術を海外に広めて経済的な利益を得られるだけでなく、相手国に安全を提供し、中国の構造的パワーを強化することが可能である。

中国のスマートシティに関連する主な企業は、アリババ、中国平安保険（Ping An Insurance）、テンセント、およびファーウェイである。例えば、アリババは浙江省杭州市に高速道路システム、駐車場管理、医療、治水、防災など9つのモジュールによるシステムを提供した。このシステムは実績を上げており、杭州市内に設置された監視カメラを利用して車両火災を検知し、火災警報を発報、消防隊に連絡するという一連の手順を自動的に行った。[241]

アリババはこの杭州市のスマートシティに関して、クラウド上のプラットフォームを提供している。このプラットフォームは、監視カメラで撮影した映像を人工知能で処理し、道路上で起きる事象を自動的に判別し分類する。浙江省はクラウドを利用したデータプラットフォームを整備し、２０１９年９月時点で１９０億８０００万件のデータを収集している。浙江省政府はこのクラウド上に構築されたプラットフォームを利用して、これらのデータを３０００以上の種類に分類し、社会統治に活用した。

スマートシティに関する中国国外の取り組みは、中国企業が現地政府とパートナーシップを組みつつ進める形態が多い。ファーウェイをはじめとする中国企業は、スマートシティに関する取り組みを世界中で行っている。

例えば、東欧のセルビアの首都ベオグラードでは、多数の監視カメラが設置されており、人々の行動、顔、および自動車のナンバープレートを読み取る準備が進められている。[242]これに対して、欧州議会は中国のインテリジェンス組織が国家安全法に基づき取得されたデータを利用する可能性を指摘している。[243]セルビア国内でも同様の批判が出ており、セルビア政府はデータ保護に関する制度を施行するまで、監視カメラのシステムの一部を稼働させないこととした。

また、ベラルーシでは、2011年からファーウェイがビデオ監視システムを提供している。ファーウェイはベラルーシ政府にサイバーセキュリティに関する提言を行うなど法制度整備の支援も行っており、中国企業と現地政府が良い関係を築いていることがわかる。2015年からインターネットの監視を中国企業が担当し、19年3月にサイバーセキュリティ法の草案をまとめた。

中国企業のスマートシティに関する海外での活動は、全世界的に広がっている。例えば、東南アジアでは、ファーウェイがミャンマーの首都ネピドーに顔認証システムと監視カメラを提供し、都市を出入りする人の犯罪歴を確認するシステムを構築している。[244]

また、アフリカのジンバブエは、2019年に一部のソーシャルネットの利用を制限している。ジンバブエ政府は中国の規制をモデルとして、ソーシャルメディアの利用を規制する法律を検討している。さらに、同国ではファーウェイ、ZTE（中興通訊）が中国と同様にインターネットを監視する施設を建設しているといわれている。

また、ジンバブエ政府は中国広東省を拠点とする雲従科技（CloudWalk Technology）と契約し、治安対策としてAIによる顔認証技術を用いたシステムを構築している。[245] 一方で、この契約は、中国製顔認証技術のアフリカ系の人物の学習に利用されていると指摘されている。[246]

中国企業の進出は、中米や南米にもみることができる。ベネズエラにおいて、ZTEはベネズエラ政府と連携してIDカード「Fatherland Card」、モバイル決済、ビデオ監視システムを構築している。[247] また、中国とベネズエラの両政府は基金を設立し、インターネット制御の研修を受けられるよう、ベネズエラ人を中国へ派遣しているといわれている。

(2) 軍民融合による技術開発と人工知能

安全保障構造において、情報通信技術は装備品の性能に変化を起こしている。中でも中国は人工知能を用いた装備品の開発に注力しており、これを支えるのが軍民融合である。

防衛研究所の岩本広志と八塚正晃は、習近平政権が進める軍民融合発展戦略について「軍事と経済社会を結びつけることで軍事力の強化と国家の振興をめざすもの」と指摘している[248]。また、岩本らは、中国共産党、政府、および人民解放軍が組織管理、業務運用、および政策制度の整備の3つの側面の強化を行っていると指摘している。

民間の技術を軍事に応用する考え方は、以前から中国の戦略にある考え方である。例えば、民間の情報通信技術を利用した装備品のハイテク化は1990年代の中国にとっての目標であり、第9次五カ年計画（96～2000年）は軍民両用分野の発展を目指していた。ただし、それ以前から中国では、軍需工場の民生用途への転換も進められており、軍民両用分野の発展は軍から民へのスピンオフと、民から軍へのスピンインの両方を追求するものであった。その後、2000年10月の中国共産党第15期中央委員会は、国防建設と市場経済の要求に対応した新型国防科学技術工業体制を構築することを決定し、軍民両用におけるスピンインを重要視するようになった[249]。

中国政府は軍民融合によって海外や民間の技術力を国内に取り込み、中国科学院や科学技術部をはじめとする政府組織を広く軍事開発に巻き込もうとしている。これは、人民解放軍が装備品に先進的な技術を取り入れている途上にあり、研究人材や核心的な技術を確保できていないことを反映している。

研究人材の不足に対応するため、中国は海外からの人材獲得を通じた技術導入を目指した千人計画を実施し、軍民融合を支える人材を獲得しようとしている。この千人計画によって、中国は2018年時点で6000人以上の先端技術を扱える人材を国内外から採用しており、優秀な人材の獲得によって技術の獲得を目指していることがわかる。[250]

デジタルシルクロードに関与する企業も、軍民融合の方針に従い、軍事開発に参加している。例えば、ファーウェイから海底ケーブル事業を引き継いだ江蘇亨通光電は、上海の同済大学の海洋・地球科学学院とともに海洋機器、水中観測ネットワークなどの海洋監視技術を開発するための海洋工程技術研究センター（海洋工程技術研発中心）を設立した。[251] 2017年に江蘇亨通光電と同済大学は、ここで開発した技術の商業化を狙って上海亨通海洋装備（亨通海装）を設立し、海底観測ネットワーク技術を核とした、軍事用の海底観測ネットワークを開発している。[252]

中国政府が海外や民間の技術力を取り込みたいと考えている領域の一つは、人工知能である。人工知能は、これまでの人々の生活、組織方法、価値観を変えるものとして注目されている。人工知能の定義は専門家の間でも様々であり、人工知能の専門家は、知能を定義し、それを人工的に実現したものが人工知能であると説明する。

例えば、堀浩一は、人工知能を、人間、道具、問題、答え、データ、情報、知識、知恵、価値、感情、言語、機械のプログラム、機械の身体、機械のネットワークなどの要素間の相互関係の総体と定義している。[253] また、溝口理一郎は、知能を（知識＋推論（学習））／アーキテクチャと表現している。[254]

人工知能の要素は、情報通信技術の発展により２０００年以降に大幅に深化している。要素のうち、知識については、ＩｏＴなどによるデータ入力方法の多様化とコンピュータの処理能力の向上によって、大量のデータを知識として体系化することが可能となった。推論（学習）については、人工知能の一つである機械学習の場合、この大量のデータを使った学習によってアルゴリズムを改善することが可能となった。

また、アーキテクチャとは、知識と推論（学習）の組み合わせ方であり、人間の総合的な認知機能をモデル化する認知アーキテクチャや生物からヒントを得たアーキテクチャなど、様々なアーキテクチャが提案・実装された。中国政府は、軍民融合を通じてこれらの要素における最先端技術を装備品に取り込もうとしている。

中国が人工知能を重要視する背景には、戦争形態の智能化を推し進めていることがある。中国は人工知能による変化を、ＲＭＡのような戦略、戦術、作戦、組織の体制・編成の変化とみなしている。問間は、智能化について、胡錦濤主席時代の２０００年代から中国国内で議論されていたが、戦闘・戦術レベルの影響にとどまっていたと指摘している[255]。

その後、中国政府はこの認識を変え、戦争の形態が智能化するというようになった。例えば、２０１９年の中国の国防白書は、情報通信技術の発展に伴い、戦争の形態がそれまでの情報化戦争から智能化戦争へ変化していると指摘している。また、習主席は２０１７年の中国共産党第19回党大会で、軍事知能の発展を加速すると述べるなど、中国の人工知能の軍事的応用は軍民融合による技術開発における方針を反映している[256]。

(3) 軍民融合による民間インフラの利用

軍民融合は、民間の技術開発力を軍事に応用するだけでなく、民間インフラを利用することも視野に入れている。そのため、中国はデジタルシルクロードによって整備された民間インフラを軍事利用する可能性もある。

中国は軍民融合の下で民間インフラを活用するための法整備を行っている。2016年9月に開催された全国人民代表大会が採択した国防交通法の第2条は、民間インフラを軍に対して提供することを定めている。具体的には、同法は鉄道、道路、水路、航空、パイプライン、および郵便輸送で実施される計画、建設、管理、および資源使用活動を、国防に関する要請に対して提供することを求めている。[257] この法律の付則では、インフラに付随する通信施設にも法律を適用するとあり、上記のインフラに付随した光ファイバーケーブルや無線通信施設もその対象に入る。

中国政府がこの法律を一帯一路によって構築した国外のインフラに適用する可能性は否定できない。構築に関与した中国企業は政府の動向に敏感であり、軍民融合の趣旨や関連する法律を意識してインフラを建設しているはずである。また、インフラ建設における主権免除の条項や中国の基準による施設の建設は、人民解放軍が中国が海外に構築したインフラを利用する可能性を高める。

3. 生産構造：多国籍企業のコントロールと制裁

(1) 中国の生産構造への影響力

中国の生産構造への影響力は高まっている。中国の影響力の高まりの理由は、国ごとに発展していた生産構造がグローバルな生産構造に変わり、中国に対する依存度が高まったことにある。統合された世界経済の中で中国企業は、市場の需要に対して早く製品・サービスを供給することで、市場における優位性を手に入れてきた。

本書がみてきたように、情報通信分野の製品・サービスでの安価な人件費と海外からの技術導入は、中国の世界の工場としての地位を固めただけでなく、双循環の第2段階における海外進出の基盤となった。また、各国が中国の生産力に対する依存を高めたことで、中国は生産構造を通じた影響力行使の手段を手に入れつつある。

中国の生産構造における影響力行使の手段は、多国籍企業のコントロールと制裁である。中国政府は中国を母国とする多国籍企業に対するコントロールを強めるため、国内法を整備している。その目的は、民間企業の活力を国力の強化につなげることにあり、中国共産党が民間企業を指導することで、従来と比較して低い成長率と労働力・技術不足を補おうとしている。また、制裁については、輸出規制を行うことで、グローバルな生産構造における中国への高い依存度を利用し、他国の行動を変えようとしている。

(2) 国内法の整備による企業のコントロール

中国政府は生産構造において国内法を整備することで多国籍企業をコントロールし、生産構造における影響力を手に入れようとしている。その目的の一つは、今後の生産構造の鍵となるデータの獲得である。

法整備を通じたデータの統合

2010年代から中国は、ビッグデータに関する重点化の方針を明らかにしている。例えば、李克強首相が2014年3月の政府工作会議でビッグデータの重要性を指摘し、第13次五カ年計画(16〜20年)において国家戦略の項目の一つとなった。[258] その後も、2017年に習主席が国家統治の近代化に向けたビッグデータの必要性を強調し、企業が蓄積したデータと政府のプラットフォームの結合を訴えるなど、中国政府はより多くのデータを収集しようとしている。[259]

また、中国政府はデータをめぐる技術の規制も強化している。例えば2020年1月に中国政府は、商用暗号を規制する暗号法を施行した。[260] 暗号法は、国家機密の保護に利用する暗号技術と商用利用する暗号技術のランク分けを定義し、商用暗号の輸出を規制する法律である。

一方、ビッグデータに関する中国のプラットフォーム企業は、既に大量のデータを保有し、多くのイノベーションを生み出している。例えば、上海連源信息科技の運営するデータプラットフォーム発源地は、2021年7月時点で3万5000以上のデータセットを提供している。[261]

中国信息通信研究院（ＣＡＩＣＴ）は中国におけるビッグデータの着実な成長を予測しており、中国におけるビッグデータ市場が２０１７年時点で４７００億元であり、20年に1兆１００億元に達するとの予測を発表していた。[262]すなわち、中国政府は、成長の著しい民間企業が保有するデータを手に入れることで国力のさらなる強化が可能であると見込んでおり、もしそれが達成されれば、中国は生産構造における影響力を確保することになる。

中国政府の民間企業に対する指導強化

中国政府は民間企業に対する指導を強化している。２０２０年9月に中国共産党中央委員会は、「新時代の民間経済の統一戦線強化に関する意見」を発表し、民間企業の経営者に対する指導を強化する方針を示した。[263]この意見は、民間経済の発展の必要性を訴えつつ、民間企業が中国共産党を中心に団結し、ともに中国の夢を構築することを呼びかけている。また、法規制に関しては、法律の遵守を徹底させ、法律に従って監督、または積極的に指導することを示している。

さらに、中国政府は民間の保有するデータに関する規制づくりを行っている。この動きは、中国政府の民間企業に対する指導と組み合わせることで、中国政府が生産構造の鍵となるデータを権力行使に活用できるようにするだろう。

中国政府による規制の一つは、反独占・反不当競争を理由としたプラットフォーム企業に対する規制である。２０２０年12月の中央経済工作会議において李首相は、社会主義市場経済体制下での発展のためには、プラットフォーム企業を法に基づき規範的に発展させ、健全なデジタル・ルールを整備しなければならないと指摘している。[264]さらに、この会議において李首相は、中国政府がプラットフォーム企業の独占を監視し、データ収集と利用管理などに関する法的基準を改善すると指摘している。

その後、中国政府はデータセキュリティに関する制度づくりに取り組んだ。例えば、2021年9月にはデータセキュリティ法が施行され、21年7月には国家互聯網信息弁公室がネットワークセキュリティ審査法のパブリックコメントを開始した。[265]

データセキュリティ法は、中国政府が民間企業の国外でのデータ処理に関する調査を行うことと、国内の企業や個人に対してデータの提供を求めることを定めている。

データセキュリティ法の第2条は、この法律が中国の領域内におけるデータ処理活動、およびそのセキュリティ監査に対するものであることを規定しつつ、国外で行われたデータ処理活動が、国家安全保障、公共の利益、または中華人民共和国の市民もしくは組織の合法的な権利および利益を損なった場合に調査を行うことを定めている。

また、第35条は、公安機関や安全保障機関に対する組織、および個人のデータの提供を定めている。すなわち、中国政府は、中国国内でデータ処理を行う企業に対して、安全保障上や公共の利益に関する国外のデータの調査を行うことが可能である。

データ規制による中国の民間企業への影響

中国政府の動きは、大量のデータを保有するプラットフォーム企業の活動に影響を与えている。例えば、アリババ系列のアントグループは、中国人民銀行などの金融当局による指導を受け、2020年11月に予定していたアントグループの上場を延期した。その背景には、アリババ創業者の馬雲が2020年10月24日に行った講演に問題があったといわれている。[266] 報道によればその内容は、中国国内の監督当局や銀行を批判したものであり、既存の規制によって技術革新が阻害されているとの内容であった。

中国ではこれまでにも、監督強化によって新しい金融サービスが閉鎖されている。例えば、2015年に中国人民銀行がインターネット上の金融に関する指導意見を発表し、規制強化の方針を示した。この指導意見は、金融イノベーションに伴うリスクを低減するために規制の強化が不可欠であると指摘していたが、その後規制はさらに強化されていった。[267]

2018年に中国銀行保険監督管理委員会は、インターネット上の金融に関する規制を実施し、規制当局によるコンプライアンス確保を理由とした検査を実施した。これによって個人間の融資を仲介するサービスは、半年間で閉鎖に追い込まれた。[268]

また、2021年7月に中国政府は、配車サービスを運営する滴滴出行（Didi Chuxing）のアプリの配信を国家安全法とサイバーセキュリティ法に基づき停止した。[269] その直前に米国市場に上場した滴滴出行は、配車サービスに関連するビッグデータを保有している。報道によれば中国政府が、そのデータが他国に渡ることを懸念したといわれている。[270]

(3) 海外企業に対する制裁

制裁による生産構造への影響

中国は制裁を通じて生産構造に影響を与えている。中国が実施する制裁は、希土類（レアアース）や市場へのアクセス制限のような中国が単独で実施する単独制裁と、国連安全保障理事会決議に基づく対北朝鮮制裁のような多国間制裁がある。中国はこの単独制裁を利用して、自国の考え方を相手国に強要している。

2020年までの中国による単独制裁の例には、10年の尖閣諸島沖の漁船衝突事件に伴うレアアースに関する対日輸出規制、12年の南シナ海のスカボロー礁をめぐるフィリピンとの領有権争いに伴うバナナの輸入規制、16年のTHAADミサイルとレーダーの在韓米軍配備に反対して実施した韓国に対する輸入規制や非関税障壁などの措置、18年にカナダ政府がファーウェイの孟晩舟副会長兼最高財務責任者を逮捕したことに対する同国からの食肉輸入停止措置がある。

また、中国の制裁には、台湾への武器輸出やその独立を支持する組織・個人、ウイグル人に対する人権侵害を理由に制裁する組織・個人に対する報復としての単独制裁もある。

中国は、自国にとって許容しがたい行動を改めさせるために制裁を行っている。元来、制裁は国際法違反や平和に対する脅威といった規律に反した行為を行う国や勢力を戒め、行動を変えさせる手段である。また、制裁は、安全保障上の脅威や不法行為をしている勢力の状況を世界に知らせる目的で行われているものもある。

中国が行う単独制裁と他国が実施するそれとの違いは、制裁の目的と国のシステムにある。中国の単独制裁は、自国の価値観にそぐわない行動をとっている相手の行動を変えさせるための行為であり、制裁の理由は自国の主権、安全、および利益を脅かす行動の抑止や懲罰である。また、中国の基本となるシステムは法による支配ではなく、中国共産党による法を利用した支配である。

この中国の制裁を、ネフュー（Richard Nephew）は、機能的（functional）制裁と呼んでいる。[271] 機

図表５－１　中国による単独制裁

事例	シグナル	強化	封じ込め	強制	買収	相殺	抽出	誘導
尖閣諸島沖の漁船衝突事件に伴うレアアースに関する対日輸出規制（2010）	✔		✔	✔				
フィリピンとの領有権争いに伴うバナナの輸入規制（2012）	✔		✔	✔				
韓国の THAAD ミサイルとレーダーに対する制裁（2016）	✔		✔	✔				
米国の香港政府幹部制裁に対する報復（2020）	✔							
台湾への武器輸出に対する制裁（2020）	✔		✔					
信頼できないエンティティリスト制度の整備（2020）	✔			✔				
新疆ウイグル自治区における人権侵害を理由とした制裁に対する報復（2021）	✔							
外国の法律及び措置の不当な域外適用を阻止する規則の整備（2021）	✔	✔		✔		✔		
反外国制裁法の施行（2021）	✔	✔		✔		✔		

出所：筆者作成

能的制裁は、中国政府が定義する許容しがたい行動を相手国に改めさせるために利用する制裁であり、中国が相手国の経済力などの性質に応じて制裁の規模をコントロールしていると指摘している。

制裁の根拠法を整備する中国

中国は近年制裁に関する制度を整備している。中国政府は、２０２０年に信頼できないエンティティリスト制度を整備し、中国の主権・安全・利益に危害を及ぼす者や、正常な市場取引原則に違反し中国企業との取引を阻害する者をリスト化し制裁する制度を整備した[272]。また、２０２１年１月に外国の法律及び措置の不当な域外適用を阻止する規則を整備し、中国企業と第三国との取引を妨げた場合の罰則や報復措置を定めた[273]。

さらに、中国政府は２０２１年６月に反外国制裁法を施行し、外国がとった懲罰的措置に対する報復措置をとることを明確にした[274]。反外国制裁法は、中国国民に対する差別的措置の立案、実施、または内政干渉に関わった個人や組織をリスト化し制裁することを定めている。安全保障貿易情報センター（ＣＩＳＴＥＣ）は、反外国制裁法が２０２０年以降に定められた信頼できないエンティティリスト制度や中国輸出管理法の規定と重複する内容を持っていることを指摘しつつ、中国が包括的な根拠法を整備したとみている。

これらの制度整備の背景には、米国等が行っているファーウェイなどの中国企業に対する貿易規制や政府調達における規制への対抗策を実施したいとの考えがある。例えば中国の環球時報は、米国のファーウェイに対する制裁への対抗策として、Qualcomm、Cisco Systems、およびAppleに対する規制、国内企業に対する規制や調査によってBoeingからの航空機購入の一次停止を挙げている。[275]

安全保障のための経済的手段としての制裁

これらの中国の制裁は、「安全保障のための経済的手段（Economic Statecraft：ＥＳ）」の一つである。長谷川はＥＳを８つの類型に分類し、その特徴を分析している。[276]

その類型は、安全保障上の重要なメッセージを伝えるシグナル（Signal）、国家のパワーを維持・補強するための強化（Strengthening）、敵対国を弱体化させる封じ込め（Containment）、経済的損害を利用して相手を望ましい方向へ動かす強制（Coercion）、経済的利益を利用した買収（Bribe）、経済的な悪影響を無効化する相殺（Counterbalance）、安全保障上重要な富と資源を調達するための経済的依存関係を利用した抽出（Extraction）、対象国の国益を変容させて迎合に導く誘導（Entrapment）となっている。

この分類に基づけば、中国の単独制裁は中国よりも経済規模の小さい国に対する封じ込めや強制が多かったが、近年の法整備は超大国向けの相殺の側面が強くなっていることがわかる（図表５－１）。また、すべての単独制裁に共通するシグナルの中身をみると、より直接的な内容に変化している。

４．金融構造：人民元の国際化、フィンテック

⑴ 人民元の国際化に伴う問題

金融構造における中国の影響力の高まりは、人民元の国際化とフィンテック分野での中国企業の台頭からわかる。中国の推し進める人民元の国際化に伴う問題は、国際的な決済を利用する国と企業にとっての、トランザクションの監視や制限に関するものである。また、サイバー空間は、金融におけるインフラを提供している一方で、規制の及びにくい領域もあることから、国や国際機関にとって安全保障上の措置として行う経済制裁の実効性に影響を与えている。

人民元の国際通貨としての影響力拡大

デジタルシルクロードにおける柱の一つは、人民元の国際通貨としての影響力拡大にある。その背景には、米国ドルなどの先進国通貨に依存しすぎた構造を見直し、人民元の国際通貨としての地位を確保しようとしたことがある。中国の先進国通貨への依存は、外貨建て貿易決済に伴う為替リスクや、２００８年の世界金融危機で経験した外貨準備資産の価値や米国債などのドル建て資産価値の低下などの危機を招いた。その後、人民元は２０１６年にＩＭＦのＳＤＲの構成通貨として採用されるなど、

国際通貨としての地位を固めている。また、一帯一路沿線国をはじめとする海外とのやりとりに人民元は利用されており、中国との二国間における貿易通貨や投資通貨としての機能を果たしている。

決済ネットワークシステムによる影響力拡大

人民元は、通信インフラの整備やデジタル貿易を通じて国際的な決済ネットワークシステムを拡大している。決済ネットワークシステムとは、銀行間の金融取引の内容をコンピュータと通信回線を使って伝送する決済網である。

人民元による国際的な決済ネットワークシステムとしては、人民幣跨境支付系統（Cross-Border Interbank Payment System：CIPS）が、2015年に中国の中央銀行である中国人民銀行によって導入された。CIPSは2020年6月末時点で102の国と地域で人民元建ての決済を実現している[277]。導入国は一帯一路沿いの63カ国に加え、北米や南米にも広がっている[278]。すなわち、CIPSは一帯一路に沿った国だけでなく、世界的な金融機関間の協力において利用可能なインフラを提供している。

一方、現在の国際金融取引に関する主要な決済ネットワークシステムは、SWIFTが提供するシステムである。SWIFTは、ベルギーに本拠を持つグローバル会員制協同組合であり、金融機関同士のあらゆる通信にクラウドサービスを提供している。2019年時点でSWIFTは210の国や地域で利用されており、CIPSよりも多くの国や地域にサービスを提供している。

中国が先進国通貨に依存した構造を見直す理由には、SWIFTの利用を通じた米国による通信の監視、金融制裁の影響の大きさもある。2006年、New York Timesなどが、同時多発テロを受けて始まったテロ資金追跡プログラムがSWIFTの送金データを使って遂行されていたと報道したほか、米国家安全保障局（National Security Agency：ＮＳＡ）がトランザクションを監視しているなどの報道もある。[279]

ＳＷＩＦＴは国際金融を支えるネットワークであるため、ＳＷＩＦＴからの金融機関締め出しが国に与える経済効果は大きい。２０１２年にＳＷＩＦＴがＥＵからの要請で行ったイランの金融機関の資金決済ネットワークからの締め出しは、イラン経済を停滞させ、15年の核問題に関するＪＣＰＯＡの合意を後押しした。

この制裁は、イランの銀行が資金決済手段としてＳＷＩＦＴに依存していたことと、米国がイラン脅威削減及びシリア人権法（Iran Threat Reduction and Syria Human Rights Act：ＩＴＲＳＨＲＡ）を根拠にＳＷＩＦＴを制裁対象とできたことを背景として、サイバー空間を通じた資金決済規制によりイラン経済を低迷させる効果があった。また、北朝鮮もＳＷＩＦＴから締め出され、国外とのやりとりができず経済的に疲弊している。このような国際金融取引における欧米支配の状況は、中国が人民元の国際化を推進する原動力にもなったと考えられる。

脱ＳＷＩＦＴの効果と課題

米ドルによる通貨支配から脱却したい国々にとってＣＩＰＳは魅力的であり、中国の影響力行使の道具となる。中国はドルを代替する通貨として人民元を国際化し、欧米の金融制裁の効果を低減させられる情報通信インフラを構築しつつある。そのため、米国の金融制裁はかつての対イラン制裁と同様の効果を発揮しないだろう。

また、中国の国際的な影響力を考えたとき、対イラン包括制裁法による二次制裁のような影響範囲が大きい制裁は、中国と制裁対象の結びつきを強めてしまう可能性すらある。ＳＷＩＦＴからの脱却を目指す同様の取り組みはロシアやイランなどにもあり、米国の制裁は決済インフラの主導権を持つ欧米の影響力低減を目指す動きをつくり出したといえる。このインフラを提供する中国は、人民元を用いた金融構造への影響力を発揮できるようになる。

しかし、中国の金融分野における欧米由来の金融インフラからの脱却には課題がある。それは、金融機関のコンピュータシステムにおける欧米企業が持つ中核的な技術の優位性である。中国銀行保険監督管理委員会のワーキングペーパーは、中国がチップ、ＯＳ、データベースなどの中核的な技術の不足に直面しており、コンピュータシステムの乗り換えが困難であると指摘している。[280]

中国では、スーパーコンピュータ天河やクラウドを開発する浪潮集団（Inspur Group）がメインフレームを開発しているが、金融機関の乗り換えには至っていない。金融機関の勘定系システムは、一般のコンピュータよりも高い処理能力と信頼性を有するメインフレームを利用しており、異なるシステムへの乗り換えは困難が伴う。

その要因の例として、処理可能なデータ量やその速度、信頼性、これまで培ってきたシステム上のデータの移行、および運用ノウハウの刷新がある。中国の金融機関の多くは、ＩＢＭのメインフレーム、Oracle のデータベース、および Dell EMC のストレージを採用しているため、中国政府はその三社の頭文字をとって「去ＩＯＥ」というスローガンで技術の移行を目指している。

一部の金融機関ではアリババのクラウドサービス聚宝盆などを採用し、「去ＩＯＥ」を進めているが、大手金融機関では採用が進んでいない。その理由は、信頼性や可用性をより重視する大手金融機関が移行の難しさを認識しているためだろう。

(2) フィンテックにおけるデファクトスタンダード

金融構造における中国の影響力拡大は、フィンテックにおけるデファクトスタンダードづくりにも表れる。デファクトスタンダードとは、市場での競争を通じて業界内で優位な方式をつくり上げ、事実上の標準として市場に確固たる地位を確立するものである。これまでのデファクトスタンダードには、ビデオテープにおけるVHS、オペレーティングシステムのWindows、およびインターネットプロトコルのTCP／IPがある。中国企業は、QRコードを使ったモバイル決済を新興国に広めることで、その国におけるモバイル決済の市場に影響を与えている。

中国企業は、デジタルシルクロードによって整備された通信インフラを利用して、様々なデジタルプラットフォームを展開している。新興国の場合、銀行口座を持たない人々が多く、彼らが資金を安全に移動させる方法は限られていた。モバイル決済に利用するデジタルウォレットは、この要望に応えられるだけでなく、中小企業の電子商取引への参入や越境電子商取引の利用を可能とするため、急速に拡大している。

また、これらのプラットフォームを展開する企業は、モバイル決済やデジタルレンディングなどのサービス展開を現地企業の買収などによって進めている。例えばアリババは、関連企業のアントグループを通じて東南アジア地域に積極的に進出している（図表5－2）。

世界各国はフィンテックに関する規制を検討しており、各国の制度や規制は不均一である。先進国

図表5－2　アリババとアントフィナンシャルのアジアにおける躍進

国	相手企業	概要
インドネシア	Elang Mahkota Teknologi（Emtek）	2017年にアントフィナンシャルがジョイントベンチャーを設立、デジタルウォレットDanaに投資
ミャンマー	Yoma Strategic Holdings（Yoma）	モバイル決済企業Wave Moneyに投資
インド	Paytm	2015年にアントフィナンシャルが9億ドルを出資
タイ	Ascend Money	2016年にアントフィナンシャルがタイの通信事業者Trueを運営するCharoen Pokphand Group（CP Group）とともに出資
韓国	Kakao	2017年に2億ドルをカカオペイに投資
フィリピン	Mynt	全体の45%を出資、他の出資者はAyala（45%）、Globe（10%）
シンガポール	Lazada	アリババが54%を出資、HelloPayをAlipayと統合
バングラデシュ	bKash	アントフィナンシャルがbKashを運営するMoney in Motionの株式の49%を保有
パキスタン	Telenor Microfinance Bank	アントフィナンシャルが2019年に1億8,000万ドルで送金サービスを運営するTelenor Microfinance Bankの株式45%を保有

出所：Mancy Sun, Piyush Mubayi, Tian Lu CFA, and Stanley Tian, "The Rise of China Fintech," Goldman Sachs Group, August 7, 2017 https://knowen-production.s3.amazonaws.com/uploads/attachment/file/3452/Future%2Bof%2BFinance_%2BThe%2BRise%2Bof%2BChina%2BFinTech.pdf; Kentaro Iwamoto, "China's Ant eyes Southeast Asia e-payment dominance with IPO," September 4, 2020, https://asia.nikkei.com/Business/Business-Spotlight/China-s-Ant-eyes-Southeast-Asia-e-payment-dominance-with-IPO などを基に筆者作成

の場合、政府が通信インフラの整備、電子商取引やデータ利用に関する規制、金融規制、およびプライバシー保護などの法整備を行っている。

一方で、一部の新興国の場合、ブロードバンドの整備は進んでいるが、プライバシー保護制度が整えられていないこともある。そのため、シンガポールやマレーシアでは、フィンテックにおける新しい技術やビジネスモデルに関する規制を検討するためのサンドボックス制度を導入し、社会実験を行っている。[281] この制度や規制が不均一である状況は、中国企業にとってデファクトスタンダードを獲得するための好機であるといえる。

５．知識構造：標準化、データセキュリティ

(1) 標準化

中国が開発した技術の標準化

デジタルシルクロードは、情報通信に関する技術とインフラの整備を通じて、欧米中心の情報通信環境から脱しようとする構想でもある。中国政府は、情報化発展における課題として「(中国は) 核心的な技術と設備で他国の制約を受けている」と指摘している。[282]

ここでいう核心的な技術とは米国発の情報通信に関する技術を指し、設備とは情報通信インフラを指している。また、中国政府は、欧米の技術標準の世界への広がりが中国企業のグローバル化における障害である、と指摘している。[283] これに対して中国政府と企業は、情報通信分野の標準化に多数関与し、その存在感を高めている。ここでは、中国はどのように標準化の重要性を認識し、いかに標準化プロセスを利用しているかを取り上げる。

中国は国内で開発した技術を国際標準とし、デジタルシルクロードを通じて世界に広げようとしている。その代表例が、５Ｇなどの移動通信システムにおける標準化への積極的な関与である。

中国は情報通信技術の国際標準化の重要性を、３Ｇや４Ｇの標準化活動を通じて認識した。３Ｇの標準化において、中国政府の研究機関であるＣＡＩＣＴは、ＴＤ－ＳＣＤＭＡを独自の第３世代携帯

電話システムとして開発し標準化活動を行った。その背景には、中国の通信設備のほとんどが海外からの調達であり、要素技術も海外から調達し特許料を支払う状況であったことがある。

より多くの利益を得るため、中国企業は、移動体通信技術の設計開発を行うQualcommなどの欧米の特許権者に特許料を支払わずに製品を製造したかった。

CAICTや企業の活動により、TD－SCDMAは、移動通信システムの仕様を検討する国際コンソーシアム3GPP（3rd Generation Partnership Project）によって、3G規格として承認された。しかし、TD－SCDMAの導入は中国の携帯電話会社に限られており、世界的に技術が広がることはなかった。この経験によって中国は、標準化された技術を国際展開することの重要性を認識した。

その後、中国は4Gの標準化活動を通じて技術の国際的な展開を実現した。CAICTは中国の移動体通信事業者と4G技術であるTD－LTEを開発し、欧米のLM Ericsson、Nokia Siemens Network（現・Nokia Solutions and Networks）、Alcatel-Lucent（現・Nokia）、およびQualcommが開発したFDD－LTEよりも性能が良いことを示すテストを行った。3GPPはTD－LTEを4G規格として標準化し、米国や日本、欧州の主要なグローバル携帯電話会社もTD－LTEを導入した。これによって、中国は自国で開発した技術を国際標準にする知見と標準化された技術を国際的に展開する経験を得た。

中国の5Gの標準化は、2013年に始まった。5Gの標準化に向けて工業情報化部は、国家発展改革委員会、科学技術部と共同でCAICTが主導するIMT－2020（5G）推進組を設立した。[284] このグループには、複数の政府、通信事業者、ベンダーが参加しており、中国の5G規格を国際標準にすることを目標に活動していた。日本もＮＴＴドコモが２０１６年にＩＭＴ－２０２０（５Ｇ）推進組に参加しており、中国の標準化活動は他国を巻き込んだ活動に発展した。

中国政府の標準化戦略

中国政府の政策をみると、中国政府が標準化に対して本格的な取り組みを開始したのは２００６年頃からである。第11次五カ年計画（２００６～10年）は、標準活動に関する項目を記載しており、これを受けて国家標準化管理委員会が標準化第11次五カ年計画（標准化〝十一五〟発展規劃）を策定した。情報通信分野に関しては、工業情報化部が情報産業技術開発のための第11次五カ年計画と２０２０年の中長期計画の概要を発表し、国際標準化活動への積極的な参加の方針を明らかにした。[285]

中国政府の標準化戦略は、他の戦略と統合したアプローチをとるようになる。中国政府は、中国製造２０２５と調和した産業・技術規格の策定を目指した中国標準２０３５の設立に向けて取り組んでいた。[286] 中国政府の国家標準化管理委員会は２０２０年１月に中国標準２０３５を終了し、20年３月に中国政府は全国標準化工作要点という文書を発行した。[287] この文書では、スマート工場、ブロックチェーン、５Ｇ、人工知能、スマートシティ、ネットワークセキュリティ、電子商取引、およびサプライチェーンといった情報通信技術に直結する分野だけでなく、食品・消費財、公共サービスなどの幅広い分野も包含している。

中国は標準化における国際協力にも積極的である。国家発展改革委員会が２０１５年に発表した「一帯一路に沿った規格調和のための行動計画」は、情報通信分野における接続性の向上と他国の標準化機関との協力協定の署名を推進している。

具体的には、ＡＳＥＡＮ、ロシア、中央アジア、中央・東ヨーロッパの国々と4ＧのＴＤ－ＬＴＥを利用した接続性の向上を目指していた。また、標準化機関との協力協定の署名については、モンゴル、ロシア、カザフスタン、タジキスタン、ウズベキスタン、ベトナム、カンボジア、タイ、マレーシア、シンガポール、インドネシア、インド、アルメニア、湾岸協力理事会（Gulf Cooperation Council：ＧＣＣ）、エジプト、スーダンを具体的な国として挙げている。

また、この計画は、情報通信分野だけでなく電力、鉄道、海洋、航空宇宙およびその他のインフラにおける標準化や、国際標準化機構（International Organization for Standardization：ＩＳＯ）による新しい組織の設立を主導するといった項目も挙げている。

核心的技術の獲得手法としての標準化

中国は核心的技術の獲得のために、国内の認証制度や標準化活動を利用している。かつて中国は、国内の認証制度を利用して、技術を獲得しようとした。海外から持ち込まれた中国国内で販売する製品について、強制製品認証（China Compulsory Certification：ＣＣＣ）を行うことを定めている。ＣＣＣの認証マークがなければ、海外企業は製品の中国国内での販売、輸入や現地生産ができない。そのため、中国市場に進出しようとする海外企業にとってＣＣＣは避けて通れない制度である。

中国政府はこのＣＣＣを利用して海外企業が保有するソフトウェアのソースコードを求めようとしたが、失敗した。

２００９年4月27日に中国はＣＣＣにおいて、ＩＴセキュリティ製品をその対象に加えると発表した。

もしＣＣＣにＩＴセキュリティ製品が加わった場合、中国政府は審査のために設計情報やソフトウェアのソースコードの開示を海外企業に求めることが可能となる。しかし、海外企業と政府は、ソフトウェアのソースコードは製品の核心的な技術であるため、これらの動きに反対した。

日本と米国は、同年5月4日に当時の二階俊博経済産業大臣とカーク（Ronald Kirk）米通商代表部代表が「ＣＣＣ制度は国際標準に整合がとれない」として、反対と撤回を求める共同声明を発出した。また、欧州などの産業界からの反対もあり、中国は政府調達のみにこの基準を適用すると表明し、核心的技術の獲得はできなかった。

一方で中国は、標準化活動を主導することで技術を獲得しようとしている。経済産業省が実施した国際標準化会合出席者へのインタビュー調査によれば、中国は国内企業が強みを発揮できる分野での規格提案を主導し、比較技術として他国の技術情報を獲得しようとしている。[288]

例えばＩＳＯにおける国際的な標準化活動の場合、専門委員会（Technical Committee：ＴＣ）や分科委員会（Sub Committee：ＳＣ）が中心となって規格を開発する。中国は確保したＴＣやＳＣの主導的なポストを活用し、先端技術に関する情報を収集している。

インタビュー調査は、その手法について中国が新規規格の提案段階で網羅的な案文を示し、先進国の先端技術を入手する手法をとっていると指摘している。また、中国が不完全な内容を規格として提案し、相手国から示された技術を比較技術として知るという手法もとっているとも指摘している。

さらに中国は、若手の人材を標準化活動に投入し、次世代の標準化を担う人材育成を行っている。ＩＳＯの参加者は各国の標準化機関であり、この標準化機関が国内の組織をとりまとめ、規格を提案したり議論に参加したりする。この議論の中では、人脈を活用した他国との協力や標準化プロセスのノウハウが重要となる。そこで、中国は、若手を積極的に標準化活動に参加させることで、次世代の標準化に必要な人脈やノウハウを蓄積しようとしている。

これに対して、調査結果は、日本の会合出席者は高齢化しており、10年、20年後に中国などの若手メンバーがいる国が標準化の中心になる、との懸念を示している。若手世代の育成に力を入れることは、中国が標準化活動を通じた技術獲得が成果を上げており、今後も重要視することを反映している。

標準化活動によって中国は知識構造に影響を与えており、双循環の第3段階において商業的な利益を獲得しつつある。標準化に伴う影響力と商業的な利益の関係は、標準必須特許のロイヤリティ率を比較することでわかる。例えば、4Gにおける標準必須特許のロイヤリティ率について、米国のQualcommが3・25%であるのに対し、ファーウェイは1・5%、ZTEは1・0%となっており、他の特許保有者と肩を並べるレベルに迫っている。[289]

標準化活動を通じた既存の仕組みの変更

また、中国は標準化組織を通じて既存のインターネットの仕組みを変えようと試みている。2019年9月に中国移動通信、中国聯通、ファーウェイ、および工業情報化部は、国連傘下の電気通信標準化部門（ITU‐T）の30年以降のネットワークの在り方に関する検討会にNew IPという仕組みを提案した。[290]

この提案は、現在のインターネットを利用する仕組みに限界があるとし、その仕組みを置き換え、性能、信頼性、およびセキュリティを高めたネットワークを実現すると主張している。その中には、データの伝送方法を規定する仕組みを変更し、通信を監査する機能を追加する機能も含んでいた。

ＩＴＵはこの提案をインターネット技術の標準化を推進する Internet Engineering Task Force（ＩＥＴＦ）に送付したが、ＩＥＴＦは提案を拒否した。[291] その理由としてＩＥＴＦは、この提案がネットワークを孤立させ、相互接続性を毀損することになり、インターネットの仕組みの置き換えは危険である、と指摘している。

New IP の提案は、中国のインターネットに対する不満を反映している。中国は現状のインターネットの通信を完全に制御することが難しく、様々な手段を使って通信方法、経路、または内容などを制限している。その代表例が、インターネット上の通信の検閲やアクセスの遮断である。

現在のインターネットが利用する通信の仕組みは、複数のネットワークをつなぐことを目的としており、通信元と通信先がデータのやりとりを制御する end-to-end 原理に基づいている。そのため、通信を中継する機器は、通信を中継することに専念し、約半世紀にわたって試行錯誤を繰り返しながら相互接続性を確保してきた。

一方、New IP の提案はこの仕組みを根本から変え、インターネットの通信方法を規定するプロトコルに監査を容易にする仕組みを組み込もうとするものである。

中国は標準化活動を通じて、技術の社会実装に関する価値観を世界に広げようとしている。New IPに関する提案は、権威主義的な国々から支持を得ている。報道によると、サウジアラビア、イラン、およびロシアは中国の提案を支持している。[292] これらの国々は、既にインターネットに対する規制を行っているため、さらに強い規制が可能な中国による提案を歓迎したと考えられる。

もし、New IPの考え方を基盤とした技術が国際標準になれば、既存の標準を採用する機器やソフトウェアに加えて、新しい標準に適合するそれらが市場に流通することになる。つまり、現在どの国でも使えるインターネットの基本的な仕組みが新しい技術によって分断されてしまうだろう。

(2) 国際的なルールづくりとデータセキュリティ

中国の知識構造における影響力行使は、国際的なルールづくりの場にも及んでいる。国連や多国間の枠組みにおいて、多くの国々がデータの取り扱い方法やセキュリティに関するルールづくりを行っている。多くの国がその主導権をとろうとする中で、中国は自身の考え方を国際的な規範とするため、一帯一路受益国を国際的なルールづくりにおける支援者にしようとしている。

しかし、中国の国際的なルールづくりに関する影響力は不十分である。その理由は、政権への権力集中、大規模な市場、および技術を組み合わせた社会の管理の再現が難しいからである。

なぜ中国はデータセキュリティに関するルールづくりを主導しようとしているのか

一部の国にとって、サイバー空間やそこで利用されるデジタル技術は、中央集権的な体制を補強するのに有用な道具である。そのため、中国は国連などの国際機関や、二国間会合、産業界・学術界を巻き込んだ国際会議において、自国の正当性を訴えている。また、これらの会合において、中国の技術の社会実装に関する価値を共有する国々にとって中国に協調することは、自国の正当性を示すことにもなる。

中国は現在の世界秩序を研究し、それを構築している方法を使って新たな価値観を世界に訴えている。その一つは、大学やシンクタンクが新たな政策を提案し、国際機関や他国に訴える、という手法である。

例えば、中国は、２０１４年から世界インターネット大会を開催し、サイバー空間における新たなルールを、民間企業や学術界とともに議論している。２０１９年10月の第６回世界インターネット大会では、中国現代国際関係研究院などが、サイバー空間運命共同体に関する報告書を発表した。この報告書はサイバー空間における国家主権の意味は変わったと主張し、基本原則、実行の道筋、ガバナンスのフレームワークを解説した。これと並行して中国政府は、国連などでサイバー空間における主権の考え方を訴えている。

このシンクタンクを利用した政策立案について、青山瑠妙は、中国のシンクタンクが非政府・民間レベルでの対話を重視しつつあることと、各シンクタンクが海外の情報収集を行うことや、政府政策の広報役を務めていることを指摘している。[293] 情報通信分野においても、中国現代国際関係研究院は、２００９年から米国のＣＳＩＳとサイバーセキュリティに関するトラック１・５会合を開催していた。[294]

データセキュリティに関する国際ルールづくりへの取り組み

さらに２０２０年９月に中国外交部はグローバル・データセキュリティ・イニシアチブ（ＧＩＤＳ）を打ち出し、二国間会合などで積極的に推進している。[295] このイニシアチブは、中国のサイバー空間における主権の考え方を含んでおり、世界的なデータ流通に関する国際的なルールづくりを主導することで、自身の考え方を国際的なルールの一部にしようと試みているといえる。

また、中国とロシアは、国際的な情報セキュリティの分野における二国間協力を強化するとともに、

図表5－3　中国のグローバル・データセキュリティ・イニシアチブに対する反応

日付	国・地域	反応
2020年9月9日	ASEAN	フィリピンのローチン外相はASEANがGIDSを重要視すると発言[297]
2020年9月15日	パキスタン	GIDSの提案を歓迎する[298]
2020年12月14日	南アフリカ	駐南アフリカ大使がGIDSを紹介するが、反応なし[299]
2020年12月21日	エクアドル	エクアドル外相が支持を表明[300]
2021年1月12日	ミャンマー	GIDSを支持する[301]
2021年3月29日	アルジェリア	GIDSの提案を歓迎する[302]
2021年6月28日	ロシア	中露善隣友好協力条約20周年に関する共同声明において支持を表明[303]

出所：中国政府、中国共産党資料より筆者作成

国連、ＢＲＩＣｓ、上海協力機構、ＡＳＥＡＮ地域フォーラム（ASEAN Regional Forum：ＡＲＦ）などの国際的・地域的な多国間枠組みにおいて協力を進めていく方針である。[296]

しかし、２０２１年時点で中国のデータセキュリティのルールづくりに関する影響力は限定的である。２０２０年９月に王毅外交部長がＧＩＤＳを発表したが、支持を表明したのはロシアとミャンマーであり、デジタルシルクロードの恩恵を受けているパキスタンや東南アジアにおいても歓迎や重要視するといった受け止めである。また、王部長は様々な場でＧＩＤＳに言及しているが、相手国からの反応がないこともある。そのため、双循環の第３段階における影響力行使の観点からみると、中国の影響力はデータセキュリティのルールづくりにおいて効果を発揮していないといえる。

限定的なルールづくりへの影響力

なぜ中国の国際的なルールづくりは支持を得ないのか。その理由の一つは、各国がこのルールに同意したとしても、独力で現在使われているものと同様の仕組みを再現するのは難しいからである。

中国の影響力を構成する要素は、中国共産党による支配体制、14億人の市場、および技術・産業力である。中国共産党は、権力を集中させることで14億人から成る中国を統治している。また、中国共産党による統治システムと人口がつくり出す大きな市場は、世界経済に対する影響力を持つ。さらに、情報通信技術による社会の管理は中国の統治システムを高精度なものとし、国内の安定と経済発展を成し遂げる中国モデルを確立させた。

他国が中国と同様のモデルを実現するためには、権威主義体制、市場を通じた影響力、および技術・産業力が必要である。そのため、一部の国は、中国モデルの要素を自分たちの国向けに修正し、情報通信インフラ、制度、これらを運用する政府の体制を整備している。

例えば、権威主義国家であり市場経済を取り入れているベトナムは、中国と似た法体系や制度をつくり上げつつある。ベトナム政府は２０１９年にサイバーセキュリティ法を施行し、重要情報システムの管理者に対するデータの国内保存義務や国外持ち出しを規制した。さらに、外国の通信サービス提供者に対して、情報を置くためのサーバのベトナム国内への設置を義務付けた。その他にも、ベトナム政府は、２０２０年8月に発表した電子政府発展戦略案において、スマートシティ、サイバーセキュリティ、および国家デジタル主権といった項目を挙げている。

しかし、中国モデルを実現しようとする国にとって、市場を通じた影響力と技術・産業力を獲得することは難しい。権威主義国家でかつ市場を通じた影響力を行使できる国は、いまのところ中国以外にいないだろう。そのため、権威主義的な国が中国モデルを実現しようとすれば、中国の市場の影響力や技術・産業力に依存する必要がある。これは、中国の影響力の増大と同時にその国の国家としての自律性を低下させ、政治体制を弱体化させかねない。

そのため、権威主義国家であっても中国の国際的なルールづくりを支持しない国がいる。先に挙げたベトナムを例にとれば、ベトナム国防省が所有・運営する同国最大の移動体通信事業者Viettelは、ファーウェイ製の通信機器を5Gインフラ整備に利用しないことを決めた。[304] また、高度な技術を海外から獲得しようとする国は、中国だけでなく他の国との関係も重視するため、中国の提案するルールを支持しないだろう。

第6章 「自由で開かれたインド太平洋」と一帯一路

1. この章について

日本をはじめとする国々は、デジタルシルクロードなどの中国の取り組みに対して政策的なビジョンを共有して対応しようとしている。その取り組みが「自由で開かれたインド太平洋（ＦＯＩＰ）」である。ＦＯＩＰは、インド洋と太平洋にかけての地域に自由と開放性の原則をつくろうとする取り組みである。日本や米国などのＦＯＩＰの原則を共有する国々は、情報通信分野におけるファーウェイに対する規制にとどまらず、ＦＯＩＰが地域の国々の発展の原則となるように働きかけている。また、このビジョンを共有する国々は、経済・安全保障分野の協力によるメリットも共有しようとしている。ＦＯＩＰを通じた多国間の協力関係は、情報通信分野において、５Ｇをはじめとするインフラ整備、人材育成を通じたキャパシティビルディング、サイバーセキュリティの強化につながっている。このとき日本の課題は、国際社会において頼れる存在となること、そのために能力開発をすべきことである。

2．「自由で開かれたインド太平洋」と一帯一路

(1)「自由で開かれたインド太平洋」による周辺国の巻き込み

ＦＯＩＰは日本の外交ビジョンであり、他国をパートナーとして巻き込むだけでなく、地域のパートナーに一帯一路に代わる選択肢を提供した。ＦＯＩＰの戦略性は、インド洋と太平洋にかけての地域に自由と開放性の原則をつくろうとする点にあり、日本はＦＯＩＰの推進を通じてパートナーと経済・安全保障上のメリットを共有しようとしている。

日本はＦＯＩＰ推進にあたっての三本柱として、法の支配や航行の自由などの基本的価値と原則、インフラの連結性や経済連携による経済的繁栄の追求、および平和と安定の確保を挙げている。日本はＦＯＩＰを通じて原則を地域に広げるだけでなく、各国が異なる形で同じビジョンを目指すようにすることで、他国をパートナーとして巻き込んでいる。

具体的には、米国とは２０１７年頃から政策的な協調やＦＯＩＰのビジョンの共有によって関係が進展し、オーストラリアは16年の国防白書においてインド太平洋に言及し、外交白書において地域・戦略概念としてインド太平洋地域に焦点をあてた。また、インドについては２０１８年のモディ(Narendra Modi) 首相によるシャングリラ会合における講演、ＡＳＥＡＮについては19年のインド

太平洋に関するＡＳＥＡＮ・アウトルック（ＡＯＩＰ）協力といった形で幅広いパートナーを巻き込んだ。

特にＡＯＩＰは、ＡＳＥＡＮの中心性などの主要な原則を守りつつ、パートナーシップを強化することに成功した例だ。この点は、２０２０年11月の日ＡＳＥＡＮ首脳会議共同声明でも言及している。[305]その結果、日本をはじめとするＦＯＩＰの原則を共有する国々は、東南アジアの国々に、一帯一路に代わる選択肢を提供したといえる。

ＦＯＩＰは第2次安倍晋三政権以降に発展した日本の価値外交である。２０１６年8月に安倍総理は、ケニアで開催された第6回アフリカ開発会議（ＴＩＣＡＤ Ⅵ）の基調演説において、基本的価値の促進と確立（法の支配、航行の自由）、経済的繁栄の追求（接続性の向上）、平和と安定へのコミットメント（能力開発）を3つの柱として、ＦＯＩＰの考え方を発表した。

ＦＯＩＰの検討は外務省において２０１６年から始まっているが、その元となった考えは07年8月に安倍総理が、インドで行った「二つの海の交わり」という演説にある。[306]第1次安倍政権では、麻生太郎外務大臣が「価値外交」と「自由と繁栄の弧」というビジョンも掲げており、時間をかけてＦＯＩＰの概念を形成してきたことがわかる。

神保謙は、第1次安倍政権から第2次安倍政権に至る過程について、「この時期以降、日本外交の中に『普遍的価値』を紐帯とする発想が埋め込まれた」と指摘している。[307]すなわち、近年のＦＯＩＰによるパートナーの巻き込みは、10年以上の歳月をかけて、日本政府が取り組んできた外交であることがわかる。

ＦＯＩＰには、基本的価値と地理的範囲を表す「自由（Free）」「開かれた（Open）」「インド太平洋（Indo-Pacific）」のキーワードがある。「自由」は、政治・経済・軍事上の決定の独立性とそれらの尊重、「開かれた」は、海洋、港湾、情報通信、エネルギーなどの開放性、「インド太平洋」は太平洋とインド洋の2つの海による地理的な広がりをそれぞれ意味している。この3つのキーワードを各国が共有し、異なる政策であっても同じビジョンを目指している。

デジタル分野の取り組みは、ＦＯＩＰにおける基本的価値と原則、経済的繁栄の追求において欠かせない。ＦＯＩＰの基本的価値と原則は、データ流通における価値、法の支配の下での情報通信技術の活用、武力や強制によらない自由をデジタル分野において広め、物理的なインフラの連結性やデータを利用したビジネス環境を通じて経済的繁栄につながるだろう。

また、ＦＯＩＰの推進によって、一帯一路関係国は、潜在的脆弱性を伴う機器の導入リスク、インフラやサービスの開放性低下リスクを低減させることが可能である。例えば、データの取り扱いに関する国際ルールや各国の制度がＦＯＩＰを踏まえた内容となることで、データ利活用を通じて独立した政治的・経済的な意思決定が促進される。

(2) デジタル分野における「自由で開かれたインド太平洋」

日本は、これまで各省庁の独自の取り組みをＦＯＩＰの原則に沿って統合することで、デジタル分野における国際的な主導権を握ろうとしている。

日本のデジタル分野における取り組みは幅広く進められてきており、ＦＯＩＰに関連する取り組みとしてはサイバー外交、質の高いインフラ投資、科学技術、およびデータに関するルールづくりがある。

外務省は、サイバー外交として情報の自由な流通の確保、法の支配、開放性、自律性、多様な主体の連携を基本原則として、自由で公正かつ安全なサイバー空間を実現しようとしている。この原則は2018年7月のサイバーセキュリティ戦略に則ったものであり、FOIPに合わせた表現となっていることがわかる。[308]この方針は、2021年10月に閣議決定したサイバーセキュリティ戦略にも中長期的な内容として引き継がれている。[309]

日本のサイバー外交は、サイバー空間における規範に関する国連などの国際機関での議論への参画だけでなく、多国間の枠組みを通じた共同行動の呼びかけなど積極的な行動もある。

日本は、2017年に開催されたARFにおいて、マレーシア、シンガポールと共同でサイバーセキュリティに関する専門家会合の設立を主導し、議論を続けている。[310]この会合は、ARFにおいてサイバーセキュリティに関する問題を議論する場であり、ARFの枠組みを通じて複数国の意見をとりまとめ国連GGEやOEWGにおける議論に影響を与えることが可能である。

現在国連では、中国の影響力の大きさから、自国の価値観をサイバー空間のルールとしようとする中国を非難する決議を出すことは難しい。一方、サイバー空間で起きる事象について、国連で議論し、日本が複数国の意見をとりまとめようとする機会は増えるはずである。その際、働きかけをしようとする国がFOIPにおけるビジョンを共有していれば、議論に方向性をつけることが可能である。

日本の情報通信インフラの整備は、FOIPの理念に同意する国々の接続性を強化している。日本政府は、海外における情報通信インフラの整備を、質の高いインフラ輸出イニシアチブの一環として進めている。その取り組みを担う主体は、海外通信・放送・郵便事業支援機構（ＪＩＣＴ）である。

ＪＩＣＴは、政治リスクなどが大きい通信・放送・郵便事業において、日本企業の海外展開を支援するために、政府が民間企業と設立した官民ファンドである。[311]このファンドの支援実績をみると、ＪＩＣＴは香港・グアム間、日本・グアム・オーストラリア・インド・ミャンマー・シンガポール間の光海底ケーブル事業に出資している。[312]

この２つの事業がグアムと各国を結んでいることは、西太平洋に新たな光海底ケーブルの集積点が生まれることを示している。これまで、西太平洋において海底ケーブルが集積していたのは、南シナ海であった。グアムを経由する通信回線は南シナ海の集積点とは異なるルートで、日本、香港、オーストラリアを結びつけている。

新たな通信経路を開拓する背景には、台湾沖地震によるケーブル切断や、近年の障害の発生頻度の増加が指摘されており、グアム経由の新たな回線は、地域の通信回線の冗長性を強化する。このようなグアムを経由する回線の整備について、村井純は「グアムをハブとした新しい太平洋のケーブルトポロジーが発展しつつある」と、新たな海底ケーブルが太平洋全体のケーブルのつなぎ方を変化させていることを指摘している。[313]

また、日本政府は科学技術やデータに関するルールづくりにおいても、多国間での協力を模索している。具体的に科学技術分野では、第５期科学技術基本計画において示された未来社会の姿であるSociety 5.0を、データに関するルールづくりでは、信頼性のある自由なデータ流通（Data Free Flow with Trust：DFFT）を、多国間の協議の場で広めようとしている。

日本政府はG7やG20の場を通じてSociety 5.0やDFFTの理念を発信しており、2019年のG20大阪首脳宣言にこれらの内容を盛り込むなど、各国・地域の制度の相互運用性を視野に入れて取り組んでいることがわかる。

これらの動きは、日本の国際的なルールづくりの主導につながっている。デジタル経済に関する大阪宣言では、米国や中国を巻き込みながら電子商取引の貿易側の側面について、WTOにおける国際ルールづくりを進める「大阪トラック・プロセス」の立ち上げを宣言しており、データとデジタル経済の分野において日本が存在感を示そうとしている[314]。

日本がルールづくりを主導しようとする一方で、関係国の姿勢は一体となっていない。例えば、電子商取引やデータ流通に関するルールの在り方について各国の意見は分かれており、G20大阪サミット初日に開催されたデジタル経済に関する首脳特別イベントで宣言されたデジタル経済に関する大阪宣言に、インドやインドネシアは参加しなかった。また、デジタル経済に関する大阪宣言に参加した中国は、GIDSの発表を通じてルールづくりを主導しようとしている。

(3) 日本のデジタルシルクロードへの対応

日本は中国がFOIPを脅威とみなさぬよう、慎重にFOIPを推進している。日本は、FOIPは一帯一路の対抗策ではなく、中国がFOIPの原則（法の支配、航行の自由などの普及・定着）に同意してくれるならば、経済的なメリットを共有できると考えている。

例えば、安倍総理は２０１９年の参議院予算委員会で一帯一路に対する考え方として、インフラの開放性、透明性、経済性、財政健全性などを取り入れることを条件に、中国を含めていずれの国とも協力することを指摘している[315]。そのため日本はＦＯＩＰを、中国を含めたインド太平洋地域における原則づくりとして位置付けており、中国がＦＯＩＰを一帯一路への対抗策とみなさないように慎重に対応している。

この対応は、一定の成功を収めている。中国の王外交部長は、日本、米国、インド、およびオーストラリアのインド太平洋戦略は中国の封じ込め策でないと述べており、これに期待すると語った[316]。

また、日本はルール整備に加えて、キャパシティビルディングや５Ｇに関する二国間協力において東南アジアの国々にアプローチしている。例えば、キャパシティビルディングでは、インフラの運用やサイバーセキュリティインシデントへの対応のための訓練プログラムを提供し、各国の能力向上を支援している。総務省は、日ＡＳＥＡＮサイバーセキュリティ能力構築センターをタイに設立し、情報通信研究機構（ＮＩＣＴ）やＮＥＣとともに実践的サイバー防御演習を実施している。また、国際協力機構は、日ＡＳＥＡＮ技術協力協定に基づき、サイバー攻撃対応やマネジメントに関する講義などを行っている[317]。これらは、各国が独自の能力開発をする際の基礎となり、機器やインフラの運用、インシデント対応を行える人材を育てることに寄与する。

一方、デジタルシルクロードでは、ケニアやナイジェリアなどに多くのファーウェイの機器が供給されているが、運用のための研修はほとんど行われていない[318]。そのため、人材育成に関するデジタルシルクロードとＦＯＩＰのアプローチは対照的である。

また、5Gに関する二国間協力において、日本は中国企業の機器を採用しないと決めた国に積極的に働きかけている。その一つがベトナムである。ベトナムは、同国最大の移動体通信事業者Viettelが5Gネットワークの構築にあたって、ファーウェイ製機器を採用せず、LM Ericsson、Nokia、およびSamsung Electronicsから選択することを決めた。[319]この決定の直後、日本はベトナムとサイバーセキュリティと5Gに焦点をあてた二国間政策対話を開催し、高市早苗総務大臣がベトナムを訪問しフック（Nguyen Xuan Phuc）首相と5Gセキュリティで協力することに合意した。[320]

その他にも、日本は米国、英国、オーストラリア、インド、チリ、イスラエル、およびブラジルとサイバーセキュリティや5Gに関する協力関係を構築している。

(4) 経済発展の共有と民主的な枠組みの追求

日本の主導したFOIPは、米国をはじめとする国々に拡大している。FOIPのビジョンを共有する国は、アジア太平洋地域に関わりの深い米国、オーストラリア、インド、およびASEANだけでなく、英国、フランス、ドイツ、およびオランダといった欧州の国々にも拡大している。中でも米国はインド太平洋戦略を強く推進しており、トランプ政権からバイデン政権に政権交代が起こった後でも、インド太平洋戦略の考え方を保持し続けている。その根底には、強固な日米同盟の存在と、日本政府のバイデン政権に対する丁寧な説明があった。

米国は2017年にインド太平洋戦略を公開した。2021年1月にオブライエン（Robert O'Brien）米国家安全保障担当大統領補佐官が公開したインド太平洋戦略に関する文書は、政策の協調性における日米同盟の重要性を指摘している。[321]

また、日本政府関係者は、トランプ政権時に掲げたＦＯＩＰに代わる「繁栄と安全のインド太平洋(Prosperous and Secured Indo-Pacific)」という表現をバイデン政権が使った後、ＦＯＩＰを多様性があるインド太平洋で最も広く受け入れられる言葉として使用するよう説得した。[322] この説得は成功し、バイデン大統領は２０２１年１月の日米首脳電話会談ではＦＯＩＰの表現を利用した。もし、ここでバイデン大統領がＦＯＩＰ以外の表現を出せば、他国との足並みが崩れていただろう。

ＦＯＩＰの特徴は、各国がビジョンを共有し、独自の政策を打ち出していることである。これは、各国がＦＯＩＰの価値観を共有しつつ、独自のアプローチをとれることを示している。

日本のＦＯＩＰは、原則に同意する国と経済発展を共有するアプローチである。一方で、米国、オーストラリア、インド、およびＡＳＥＡＮは、「自由」「開かれた」「インド太平洋」を共有しつつ、異なるアプローチをとっている。

例えば、米国務省のインド太平洋戦略は、中国の問題点として異論に対する不寛容さ、情報と市民社会の統制、および少数民族への抑圧を挙げており、対中国色の強い戦略となっている。[323]

また、ポッティンジャー（Matt Pottinger）国家安全保障会議（ＮＳＣ）アジア上級部長のメモは、米国のインド太平洋戦略における国家安全保障上の挑戦として中国の行動を指摘するとともに、デジタル監視、情報統制、および影響作戦が米国のインド太平洋における利益を阻害し、西側諸国や国内でも影響が出ていることを示していた。[324]

オーストラリアとインドは、ＦＯＩＰを通じて、経済・安全保障上のメリットを共有する国である。

「インド太平洋に対するオーストラリアの見通し（The Indo-Pacific: Australia's Perspective）」と題されたレポートでは、オーストラリアがＦＯＩＰにおける法の支配や航行の自由などの原則を共有し、米国と中国を重要なパートナーとしつつ、米中関係の悪化による影響を懸念している。[325]

オーストラリアとインドは中国に対する貿易依存度が高いが、いずれも中国の南シナ海における行動や一帯一路に対して懸念を有している。中でもインドは、東アジア地域包括的経済連携（Regional Comprehensive Economic Partnership：ＲＣＥＰ）からの離脱によって、中国以外の経済的な連携相手をみつける必要がある。

また、米国はＦＯＩＰの原則に加えて民主的な枠組みの魅力を訴えようとしている。例えば、バイデン大統領は、就任後の２０２１年２月の声明において民主主義サミット（Summit of Democracy）の開催を掲げ、全世界で民主主義を守ること、権威主義の拡大を押し返すことを述べた。[326]このバイデン大統領の発言は、民主主義を掲げる国の連帯を強めることを呼びかけるだけでなく、米国がそれらの国々を主導しようとするものである。

その他、米国はバイデン大統領が進める民主主義サミットに5G、サプライチェーン、および技術標準に関する話題を取り込もうとしている。２０２１年7月に日本、米国、オーストラリア、およびインドによる4カ国重要新興技術ワーキンググループを開催した。この会合は、4カ国がＦＯＩＰに鑑みて技術の設計・開発・活用における原則を定め、標準化、サプライチェーン、将来の通信技術に向けた連携などについて対話する会議である。[327]

この会合においてサリバン（Jake Sullivan）国家安全保障大統領補佐官は、自由主義社会と人権を志向する技術がバイデン大統領の民主主義サミットの重要な議題になる、と指摘した。[328]

ＦＯＩＰと民主的な枠組みを一体化させた議論は、慎重に行うべきである。もしＦＯＩＰが民主的な枠組みを追求する動きとなり、民主主義対権威主義の対立構造と技術的な項目が組み合わさった場合、ＦＯＩＰの成果は低減していくだろう。

技術の利用方法を民主主義対権威主義の対立構造の中で議論した場合、ファーウェイなどの中国企業は権威主義国との関係性を強めることになる。中国の技術は権威主義体制を強化するものであり、権威主義的な国にとってファーウェイやＺＴＥなどの技術は潜在的な魅力があるからだ。一方で、ＦＯＩＰは、権威主義的な体制の国であっても法の支配などの原則を共有し、インフラの開放性や透明性を通じて、各国の独立を確保しようとする動きをつくり出している。

この状況で、民主主義対権威主義の対立構造で技術利用を議論すれば、ＦＯＩＰの原則を共有しつつある権威主義体制の国は中国側の陣営に加わり、ＦＯＩＰの原則から離れてしまうだろう。

3．ファーウェイの締め出し

⑴ 複数国の共同行動

多数の国が中国企業の通信機器を通信ネットワークから締め出そうとしている。通信インフラにおいてファーウェイまたはＺＴＥ製機器の利用を制限している国は、米国をはじめとして世界中に広がりつつある。その理由は、主にセキュリティ上の懸念である。

例えば、中国が2017年に施行した国家情報法は、中国の企業と国民に対して情報提供への協力義務を課している。この義務は、ファーウェイなどの中国企業だけでなく、外国企業が雇用している中国国籍の人物にも適用されるため、同法の適用を受けない外国企業の懸念となっている。一方のファーウェイは、この懸念を否定している。[329]

日本政府は、特定の機器を明示していないが、政府の調達基準と5G基地局の設置条件として規制を強化している。日本政府は、2018年12月のサイバーセキュリティ対策推進会議および各府省情報化統括責任者連絡会議の合同会議において、IT調達に係る国の物品等又は役務の調達方針及び調達手続に関する申合せを発出し、政府機関におけるサイバーセキュリティを強化した。[330]

この申合せは、政府機関内の機器防護を目指したものである。総務省は、第5世代移動通信システム導入のための特定基地局の開設に関する指針において、5Gインフラの整備にあたってこの申合せに留意するよう求めることで、5Gに関するサイバーセキュリティの強化を行っている。[331]

通信事業者がこの基準に基づいて機器を調達すれば、ファーウェイやZTEの機器は採用されない。総務省は、先の指針に対するパブリックコメントにおいて、ファーウェイやZTEの設備禁止について回答している。[332]この回答は、上記の申合せを参照しつつ、サイバーセキュリティ向上の重要性を回答しており、この申合せが日本政府の通信機器の安全性確保の指針となっていることがわかる。

(2) 米国のファーウェイに対する批判と規制の強化

米国は議会や政府において10年以上にわたってファーウェイやZTEなどに対する批判を行っており、2019年以降には規制が本格化した。議会の米中経済・安全保障検討委員会や国防総省が批判を中心的に行っており、批判の対象は人民解放軍との共同研究、知財の窃取、米国の通信インフラにおけるファーウェイやZTEの機器の採用であった。

これらの批判は、2019年には米国の民間分野における実質的なファーウェイらの排除に加えて、5Gネットワークのセキュリティに関する国際会議であるプラハ5Gセキュリティ会合、20年12月のクリーンネットワーク（The Clean Network）プログラムといった国際的な連携につながっていく。

米国内でのファーウェイに対する批判は、2000年代から議会と国防総省で始まった。2009年に米中経済・安全保障検討委員会がNorthrop Grummanに委託して作成した報告書は、ファーウェイと人民解放軍の関係について報告し、国防総省は中国に関する報告書の中でファーウェイと人民解放軍が研究開発で緊密に連携していることを指摘していた。[333]

米国内での民間情報通信インフラへのファーウェイやZTE製品普及についての批判は、2010年に米国議会の一部の議員が、米国の通信事業者Sprint Nextel（現・T-Mobile）のインフラに納入される機器の契約に疑問を呈して以降、本格化する。[334]

その後、カイル（Jon Kyl）上院議員を筆頭とする米国議会議員が、連邦通信委員会（Federal Communications Commission：FCC）の委員長に対して、米国の情報通信システムにファーウェイやZTEを導入することへの懸念を伝える文書を提出した[335]。

2010年代に米国はファーウェイに対する規制を強化する。2012年に米議会下院情報特別委員会は、ファーウェイの国家安全保障上の脅威について報告書をとりまとめ、米国の情報通信システムへのファーウェイのアクセスが脅威となることを示している[336]。また、2013年歳出法において、連邦政府の調達では、中国政府によるスパイ活動などの懸念に関する評価を行うことを定めた[337]。この時点では、ファーウェイの企業名を出さずに調達制度においてセキュリティ評価を行うことを定めていたが、トランプ政権以降はファーウェイを名指しして規制した。

2018年度国防授権法は、国防総省によりファーウェイとZTEを名指しして調達を禁止し、核抑止や国土防衛における脅威としてファーウェイなどの中国製通信機器を位置付けた。2019年度国防授権法は、連邦政府によるファーウェイとZTEを含む中国企業からの機器の調達を規制し、規制対象となる範囲を拡大した。

これに対してファーウェイは、2019年度国防授権法の調達制限を不服として米国連邦政府を提訴した[338]。しかし、2020年2月にテキサス州東部地区連邦地方裁判所はこの訴えを棄却した[339]。

米国政府は、調達などの中国企業の製品の輸入だけでなく、中国企業に対する輸出に関する規制も強化した。2019年5月以降、米商務省産業安全保障局（Bureau of Industry and Security：BIS）は、エンティティリストにファーウェイを含む150以上の企業を追加し、輸出規制を強化した[340]。

エンティティリストとは、米国の国家安全保障または外交政策の利益に反する活動に関連した組織・個人を掲載したもので、米国企業・個人と同社との取引を規制することを目的としたリストである。

中国企業をエンティティリストに追加した背景には、ファーウェイ等の中国企業がマイクロチップなどの米国製品に依存していることと、米国政府が輸出規制によって中国企業のビジネスに影響を与えられることを確信していたことがある。

米国政府は、ファーウェイに対する規制を行う前に、ＺＴＥに対する輸出規制を行った。この輸出規制は、ＺＴＥのサプライチェーンに影響を与え、生産活動を一時停止に追い込んだ。そのため、米国政府はファーウェイに対する規制によって、同社のビジネスに大きな影響を与えられると確信していた。

２０１９年８月に商務省、国務省、国防総省、エネルギー省、財務省などの複数の行政機関によって構成されるエンドユーザー検討委員会（End-user Review Committee）が、ファーウェイが安全保障上と外交上の利益に影響を与えると決定し、米政府はファーウェイをエンティティリストに追加した。

しかし、米国政府による貿易規制は、中国だけでなく米国内の企業にも影響を与える。例えば、郊外の通信インフラ維持、米国企業の中国ビジネスにその影響がある。

報道によれば、米国の郊外の通信事業者は、ファーウェイなどの中国企業の製品を利用して通信インフラを構築しており、規制によって通信インフラの維持が難しくなる可能性があった[341]。一般的に郊外の通信事業者は、地理的に広い範囲にサービスを提供する一方で、利用者数が少なく、通信インフラの維持運営にコストがかかる。そのため通信事業者団体は、安価な製品がインフラの維持に不可欠だとFCCに訴えていた[342]。

また、米国企業が中国企業から調達する部品に対しても貿易規制は適用されるため、米国企業のビジネスにも影響が大きい。そのため、BISは米国企業と中国企業の貿易に対して、現在の通信インフラの維持に必要などの条件を満たす場合、一時的に規制対象外とする許可を与えた[343]。

これと同時に、米国は中国に対する依存度を下げることを目指している。米国はセキュアネットワークス法を施行し、通信事業者が利用しているファーウェイ製の機器などを交換するための補償費用として、19億ドルを予算化した[344]。さらに、2021年11月に米国は、ファーウェイなどの中国企業の製品に対してFCCの認可を与えないよう求めるセキュア・エクイップメント法を施行し、依存度を下げる取り組みを強化した。

米国は、中国企業に対する規制を世界に拡大しようとしている。2020年12月に米国務省はデータのプライバシー、セキュリティ、人権、自由主義世界に対する脅威に対抗するためのクリーンネットワークプログラムを発表した[345]。クリーンネットワークプログラムは、2019年5月にチェコのプラハにおいて開かれたプラハ5Gセキュリティ会合で採用されたプラハ提案に基づくものであり、米国が通信インフラをより信頼性の高いものにしようとする取り組みである。

米国務省は、英国、チェコ、ポーランド、スウェーデン、エストニア、ルーマニア、デンマーク、ラトビア、およびギリシャがLM Ericsson製の機器を使って5Gインフラを構築すると発表した。

これらの国の動きは、米国の5Gインフラからのファーウェイ排除への支持ともとれるが、米国にとっては自国だけが中国企業製の安価な機器を採用できず、経済的な不利益を被ることを避けようとしているともとれる。

(3) ファーウェイに対する批判の広がり

オーストラリアは、2012年からファーウェイに対して慎重な姿勢を示している。オーストラリア政府が出資し国内のブロードバンド網を整備するNBNは、ファーウェイを入札から除外した[346]。報道によると、この決定は、防諜機関であるオーストラリア保安情報機構（Australian Security Intelligence Organisation）の助言に基づいたものであるといわれている。

その後2018年8月にオーストラリア政府は、通信事業者に対する5Gセキュリティガイダンスを発行し、5Gネットワークに対する不正アクセスや干渉を避けるために、外国政府の影響を受ける企業の製品を採用することはリスクであると指摘した[347]。

英国は、ファーウェイ製の機器を今後購入せず、5Gネットワークから取り除く方針である。2020年7月に英国政府は、21年以降ファーウェイ製の5G向け機器を購入することを禁止し、27年末までに5Gネットワークから取り除く方針を示した[348]。

この決定までの間、英国のファーウェイ製品に対する姿勢は曖昧であり、5Gネットワークにおける同社製機器の導入を一部容認する姿勢であった。しかし、米国によるファーウェイに対する制裁などの影響を考慮し、英国政府は5Gネットワークから取り除く方針を決定した。

さらに、2021年4月に成立した国家安全保障・投資法は、国家安全保障を脅かす可能性のある外国企業や投資家による英国企業に対する合併・買収などに英国政府が調査・介入できることを定めた。[349]同法が対象とする活動は幅広く、情報通信分野も含まれている。

英国内では、ファーウェイに対する懸念が２０１０年代から高まった。英国議会の諜報・安全保障委員会は、重要インフラにおけるファーウェイ製機器の採用について警告を行っていた。[350]特に、諜報・安全保障委員会の報告書は、中国政府のファーウェイに対する関与や英国政府内での危機感の低さを問題視していた。また、英国シンクタンク国際戦略研究所（International Institute for Strategic Studies：ＩＩＳＳ）のウィレット（Marcus Willett）は、英国政府のファーウェイ製機器を５Ｇネットワークに導入しないという決定を支持する一方、既にある４Ｇネットワークは同社製の機器を使用していることを指摘している。[351]

一方、ファーウェイは、２０１４年から英国政府に対して製品の安全性を証明しようとしていた。ファーウェイは、英国にファーウェイサイバーセキュリティ評価センター（Huawei Cyber Security Evaluation Centre：ＨＣＳＥＣ）を設立し、同社製機器を英国内の通信網に導入するにあたって、潜在的な脆弱性を分析し、英国政府に報告を行っていた。

しかし、諜報・安全保障委員会は、ＨＣＳＥＣの職員がファーウェイの社員であることから、同社の機器が有するすべての脆弱性を公表することが難しいことなどを指摘していた。さらに、２０１９年の英国政府によるＨＣＳＥＣの監査報告は、ファーウェイ製品に技術的な問題点があることを示し、ファーウェイの同センターを通じた活動による透明性の改善がなかったことなどを指摘している。[352]

英国にとって、ファーウェイ製機器を導入する理由は、主に経済的な側面にあった。ファーウェイは、２０１８年から22年までの5年の間に30億ポンドの消費を英国経済に呼び込む試算を発表していた。また、同社は2018年度の英国のGDPのうち、17億ポンドの貢献をしたと主張している。[353] 一連の英国政府の決定は、この経済的な効果を上回るほどの安全保障上のリスクをファーウェイの機器が有していることを反映している。

4．日本はデジタルシルクロードと共存できるのか

⑴ デジタルシルクロードとの共存

技術の社会実装に関する価値の対立

日本をはじめとする国々が、デジタルシルクロードと共存するためには、中国の押し進める技術の社会実装に関する価値の拡大に対処しなければならない。中国は、デジタルシルクロードによるインフラ整備、プラットフォーム企業の進出を通じて、技術の社会実装に関する価値を拡大しようとしている。この価値は、法の支配や自由を重んじる日本や米国にとって受け入れられないものである。

一方で、日本と中国は、情報通信インフラ整備や経済活動による発展を目指す点では共通している。デジタルシルクロードによる東南アジア地域の情報通信インフラの整備は、インターネットにアクセスできる人々を増やし、デジタル化による恩恵を享受できるようにした。また、プラットフォーム企業は、地域のオンライン決済や融資の基盤となり、経済発展を支えている。その結果として、進出した企業が経済活動に伴うリスクに見合う利益を獲得することは問題ない。そのため、デジタルシルク

ロードには、地域のインターネット接続や社会の発展という観点で共存できる部分がある。問題は、中国共産党による技術の社会実装に関する価値の拡大と、これを実現するための不公正な競争やインフラのロックインである。

中国の双循環を通じた、受益国への影響力行使は、経済的な利益を獲得することに成功しつつある。今後中国は、受益国の依存関係を利用して外交や国際的なルールづくりの場において影響力を行使しようとするだろう。

もし、受益国が権威主義的な体制であれば、情報通信技術を利用した社会の管理が国際的に支持を得ることで自国の行動を正当化することもできる。また、経済的利益や治安の確保により国民の支持も取り付けられるだろう。そうなれば受益国は、中国共産党による技術の社会実装に関する価値を共有するようになってしまう。

デジタルシルクロードと共存するためには、デジタルシルクロードによってインフラなどを整備した受益国が、自由や開放性といった価値の重要性を見いだせるよう呼びかけなくてはならない。そのためには、日本や米国をはじめとする国々が、中国共産党による価値を採用せずとも、政治的な安定、経済的な発展、および安全保障の確保が可能であることを示す必要がある。

そのときには、FOIPの原則に基づく経済・安全保障上のメリットの共有が効果を発揮するだろう。中でもFOIPのキーワードにある「自由」は、政治的・経済的・軍事的に独立した意思決定の尊重を意味しており、他の国による強制や干渉に反対している。中国の影響力を強く受ける国であったとしても、これらの独立性は重要な概念であることに変わりはない。

中国はグローバルにスケールしない技術が拡大しないことを知っている

国際社会がデジタルシルクロードと共存するためには、中国が他国の自由や開放性の価値を認めなければならない。そのためには、国際社会が自由や開放性といった価値を根深く共有する必要がある。自由や開放性といった価値が国際的なルールや技術開発における原則となれば、価値を共有する国の市場は一層統合され、経済発展によって重要性も強化される。その結果として、中国は国際的に展開できない価値・技術にリソースを費やすことをやめるだろう。

中国は、国際社会が受け入れない価値を押し通すことは難しいと知っている。中国は、天安門事件を通じて国際社会から制裁を受け、世界経済から孤立した。また、技術分野においても、中国は独自に開発した技術を国際標準としたとしても、他国が受け入れなければ影響力が少ないことを学んでいる。

また、中国は国際的なルールに自らの考えを反映させることが、自国の振る舞いを正当化するのに有効であると認識している。中国の価値を世界に広げ国際的な規範の一部にすることは、経済・安全保障における中国の振る舞いが標準的なものだと国際社会に認めさせることである。さらに、国際的なルールがその価値観によってつくられるようになれば、中国にとって優位な立場づくりにも有用である。

そのため、中国共産党は民間企業や大学を巻き込んで社会に提言を行い、国際機関における支持国を増やし、中国が考える価値を国際的な規範の一部に埋め込もうとしている。

中国のＧＩＤＳに支持が集まりにくいことが示すように、中国の技術の社会実装に関する価値は拡大していない。中国は双循環を通じて経済的な利益を国内に還流させることに成功したが、これを海外への影響力行使に活用することは失敗しつつある。しかし、中国の支援に期待する国は多い。

そのため、今後中国が経済援助を行う条件として、国際的なルール形成への賛同や日本などが掲げる自由や開放性の否定をつけることで、支持国を増やそうとする可能性はある。この動きに対抗するために、日本をはじめとする国々は、ＦＯＩＰを通じて自由や開放性を国際社会に訴えていく必要がある。

(2) 日本とパートナーによる構造的パワーの発揮

日本は、パートナーと連携することで構造的パワーを発揮できる。安全保障、生産、金融、および知識の構造における日本単独の影響力は小さいが、日本は複数の国際的な連携枠組みを通じたパートナーとの補完関係や交渉の場を有している。

例えば、安全保障構造における日米同盟やＱｕａｄ（日米豪印戦略対話）、生産と金融構造におけるＴＰＰ11（環太平洋パートナーシップに関する包括的及び先進的な協定）とＲＣＥＰがある。情報通信分野ではデジタル経済やデータ流通、電子商取引における大阪トラック・プロセス、日米デジタル貿易協定がある。また、知識構造を原則面から支えるのがＦＯＩＰである。

日本にとっての課題は、これらの枠組みを通じたパートナーとの対中政策における関係管理である。米国、オーストラリア、または欧州と比較して、日本は中国に対して強硬に対立していない。その背景には、日本が中国との関係を対立させたとしても、中国の行動は変わらないとみていることがある。一方で、米国とは日米同盟を基盤とした強固な関係があり、オーストラリアとは２０１４年の安倍総理とアボット（Tony Abbott）首相による「21世紀のための特別な戦略的パートナーシップ」など関係を強化している。

インドは、国境紛争や、ファーウェイやＺＴＥの5Gインフラ検証実験からの排除などの面で中国と対立している。また日本とインドは、Ｑｕａｄにおける関係だけでなく、２０１４年の日インド特別戦略的グローバル・パートナーシップのための東京宣言発出など、複数の関係と組み合わせて強力なパートナー関係を構築している。そのため、日本は、これらの国々と連携することで、表立って中国との対立関係をつくることなく中国に行動変更を迫ろうとしている。

一方、東南アジアの国々は一帯一路沿線国として経済面では中国と連携し、安全保障面では姿勢を統一していない。ＡＳＥＡＮのＡＯＩＰは、法の支配や経済的な発展の共有についてＦＯＩＰと同等の重点を置いている。しかし、ＡＳＥＡＮ諸国は対中政策において、南シナ海での海洋安全保障に関する問題を抱える国とそうでない国が存在することなどから、一枚岩ではない。

ＡＳＥＡＮ諸国は、経済的なメリットを最大限に得ることを目指しつつ、安全保障では米国対中国の対立構造に巻き込まれることを避け、これまでの外交戦略を維持したいと考えている。このＡＳＥＡＮの安全保障に関する問題への距離感は、日米豪印がＡＳＥＡＮの中心性やＡＳＥＡＮ主導の地域枠組みに対して支持する一方で、ＡＳＥＡＮ諸国がＱｕａｄの枠組みに入らないことからもわかる。[354]

ＡＳＥＡＮ諸国の経済面での中国との連携と外交戦略の維持は、情報通信分野においても同様である。欧米諸国がファーウェイなどの中国製の通信機器に対する懸念を示す一方で、シンガポールとべトナム以外のＡＳＥＡＮ諸国は中国企業の通信機器に対する姿勢を明らかにしていない。

そのため、日米豪印などの国は、安価な機器を短期的に供給するだけでなく、ＦＯＩＰの原則を共有する国々の製品が中国企業の提供する通信機器よりも高い政治的な独立性を有していることを保証し、インフラにおけるロックインの懸念が低いことや長期的な経済性が高いことをＡＳＥＡＮ諸国に示す必要がある。

(3) 科学技術の社会実装における原則をつくる

科学技術の社会実装における原則

国際社会で進む科学技術の社会実装における原則づくりに日本はどうアプローチするのか。日本が科学技術の社会実装における原則づくりを主導するためには、技術の研究開発力と社会実装力が必要である。自由・公正で透明性のあるルールや公正な競争環境は、複数の先進的な技術を持つプレーヤーが市場にいてこそ成立する。また、サイバー空間に関するルールづくりでは、国連で進むサイバー空間の規範づくりの他に、５Ｇのように技術的な洗練度が要求されるものもある。そのため、技術の研究開発力と社会実装力は、技術の社会実装における原則の実効性を高めるために欠かせない。

日本はこれまで、技術開発だけでなく、インフラ整備やキャパシティビルディングを通じて科学技術の社会実装に関与してきたが、国際社会から頼れる存在として認知してもらうことが必要である。そのためには、政府・民間組織がＦＯＩＰの原則の下で結束し、技術の研究開発とその社会実装において国際社会を主導すべきである。

情報通信技術におけるルール整備では、欧州が世界に影響力を発揮している。欧州は2018年5月に個人データの処理と移転のための一般データ保護規則（General Data Protection Regulation：GDPR）を施行し、基本的人権確保の観点から個人データの保護を目指している。欧州ではデータ保護の取り組みを1995年から始めており、この取り組みは世界各国の制度に影響を与え続けている。日本の個人情報保護法も、EUによるデータ保護指令やGDPRによって大きな影響を受けた。

サイバー空間におけるルール形成においては、ルールが技術的に実現・検証可能かが重要である。ルールをつくったとしても社会に実装することが困難な場合、ルール自体の見直しを迫られるだろう。インターネットで利用される技術が、デファクトスタンダードによりルール化し世界に普及したのは、その技術が実現し、市場に受け入れられたからである。

また、技術力は、サイバー空間における自由・公正で透明性のあるルールをつくる上で欠かせない。例えば市場において決定権を持つような技術の場合、一つの勢力に独占的な地位を与えないようなルールがあるかを技術の側面から検証する必要がある。また、悪意を持った技術を標準化しないようにする際にも技術力は必要である。

信頼できるパートナーとなるための能力開発

さらに、米国や欧州と連携するためにも、日本自身の能力開発が必要である。特に、日本はより多くの予算・政策の重点を科学技術に置くべきである。日本の科学技術予算は他国と比較して小さい。2020年の日本政府の科学技術予算は過去最高の4・4兆円であったが、中国の28・0兆円（2018年）、米国の15・3兆円（2019年）、ドイツの4・7兆円（2019年）など、競合する他国と比較して小さい。[355] また、科学技術予算の増加率も、2000年と比較して中国が16・5倍、米国が2・0倍、ドイツが2・1倍であるのに対し、日本は1・3倍である。多様な人材による技術開発には多額の予算が必要であり、成果が出るまでには10年単位の継続支援が必要である。

また、日本が科学技術に対する予算を増やさなければ、今後国際連携をしようとする際に、相手にとって低予算でメリットの少ない連携を交渉しなければならなくなる。連携相手に日本を必要なパートナーとして位置付けてもらうためにも、政府は科学技術に投資する必要がある。

科学技術への投資を通じた政府の取り組み方法として、裾野を広げる研究開発支援、国際機関の再構築、およびルール整備の主導がある。また、民間では、グローバルに拡大可能な産業の創出、能力の高い人材の待遇向上、若手の育成やリカレント教育などの人材育成がある。

情報通信技術は、地球規模の問題を引き起こしつつあるが、多国間の枠組みで既存のルールを踏まえながら課題を解決する試みは途上である。例えば、国連GGEやOEWGにおける議論、特定通常兵器使用禁止制限条約の枠組みにおける人工知能を利用した自律型致死兵器システム(Lethal Autonomous Weapons Systems：LAWS)に関する議論は多くの論点を提示したが、国際社会が合意できたルールは限定的である。

国際機関を通じた多国間主義を通じて技術における国際的なルールをつくるならば、技術を理解する者が現在よりも積極的にルール形成場面に参画するような仕組みが必要だろう。

政府と民間が共同で行う技術開発では、要素技術をおさえる重要性と、裾野の拡大により要素技術をつくり出す重要性に着目すべきである。技術開発では、既存の技術を改良する過程で良い技術が出ることもあるし、米国防高等研究計画局（Defense Advanced Research Projects Agency：ＤＡＲＰＡ）のように複数の研究をたくさん行って、その中から成功例を探す方法もある。

２０００年以降の日本の研究開発では、選択と集中によって技術開発における裾野が狭くなった。そのため、実現可能性の高い研究だけでなく、戦略的な目標達成に向けた裾野拡大を行うための研究開発も必要である。また、中国の研究開発を重視する姿勢に学ぶことも必要である。

社会に大きなインパクトを与える技術は、10年、20年後の市場をみながら新技術を取り入れ、５年、10年単位で成熟していく。その際には、ＦＯＩＰや技術を社会の中でどうやって活用するかについての原則が重要となる。

民間においても日本は構造的パワーを維持するとともに、グローバルに拡大可能な国内産業への注力、若手の育成や予算配分の在り方の変更、リカレント教育などの人材の再教育を通じた基礎力の養成が必要である。

これまで日本の産業は、国内市場の大きさからグローバルな拡大を成長のための必須条件としてこなかった。しかし、人口減少による国内市場の縮小に対応するためには、国内でつくった製品・サービスを海外市場に展開する必要がある。その際には、若手の育成や予算配分の在り方を変え、国際展開の優先度を高める必要がある。また、既存の高い専門性を有する人材を国際展開する方法を検討することも必要だろう。

日本の優位性

日本の優位性は、中国、ＡＳＥＡＮ、およびインドといった多様な国と連携できることと、これらの国と地理的に近いことである。日本は、これまで外交や人道・開発支援によって多様な国と連携してきた。そのため、国際機関や多国間の枠組みにおいて様々な連携手段を持っている。

地理的な近さは、データの転送にかかる時間が少なく済み、クラウドを利用したサービスの展開に有利である。そのため、欧米のIT企業は東京や大阪周辺にデータセンターを設置しようとし、日本にはこうしたデータセンターを誘致できる潜在力がある。また、これまで香港にデータを置いていた企業は、政府による規制の強化によって、別の拠点を模索している。

さらに、日本はアジア地域で最初に、欧州のGDPRの十分性認定を得た国である。この十分性認定は、EUと日本の間で円滑な個人データの移転ができるだけでなく、他国の企業からみて日本の制度は個人データ保護の水準が十分であることを示している。

しかし、この優位性を十分に活かせるだけの技術とその社会実装力があるとはいえない。例えば、日本には将来的にデータを置くためのデータセンター建設候補地がないこと、地方分散が進まないこと、消費電力が増えカーボンニュートラルに対応できないこと、国際競争力に対応できないこと、およびメガクラウド事業に対抗できないことが課題として指摘されている[356]。

また、電力消費を抑える技術として低消費電力の情報技術が長年研究されているが、いまだ大幅な低減に至っていない。そのため、政府が電力と通信の両面から最適なデータセンターの立地を調査しインフラ整備を進め、規制を緩和する特区を設置するといった取り組みが必要だろう。民間企業も低消費電力情報技術、安定的なエネルギー供給技術、発電所建設用の調査結果などを応用し、通信インフラを強化することでデータセンターを設置するなどの取り組みが考えられる。

あとがき

サイバー空間をめぐる動きは、デジタルシルクロードの発表や米国の対中政策によって大きな変化を迎えている。デジタルシルクロードに関する執筆の機会をご提供頂いた日経BP日本経済新聞出版本部に深く感謝したい。

本書は、筆者が２０１８年11月から21年3月までにまとめた研究を基に執筆した。この間、米国メリーランド州にて研究できたことは、非常に幸運であった。特に、２０１９年からデジタルシルクロードに関する研究を開始し、全米アジア研究所、ローレンス・リバモア国立研究所、笹川平和財団米国、ジョンズ・ホプキンス大学ポール・H・ニッツェ高等国際関係大学院、カーネギー国際平和基金、および外交問題評議会の会議において多くの研究者と交流できたことは、彼らの外交政策、安全保障政策、および情報通信技術に対する見方を学ぶ上でとても貴重であった。

本書の執筆は、慶應義塾大学教授の土屋大洋氏と三菱総合研究所主席研究員の村野正泰氏の支援なしではなし得なかった。両氏より『サイバー空間を支配する者――21世紀の国家、組織、個人の戦略』（日本経済新聞出版）の執筆をはじめとして多くの支援を頂いている。感謝を申し上げたい。特に、土屋先生との議論や多数の会議に呼んでいただけたことが、本書の基礎になっている。また、村野氏には三菱総合研究所入社以来10年以上多くの指導を頂いており、いまだそのご恩に報い切れていない。

本書の執筆にあたって日本政府、企業、および大学の方々に大変お世話になった。情報通信、外交、安全保障に携わる多くの方が、技術や諸外国の動向に気を配りながらチームワークを発揮しつつ日本を支えている姿をみて、日本人のひとりとして心強かった。また、元海将・吉田正紀氏と元空将・尾上定正氏には、安全保障における日米の役割をご教示いただけたとともに、多くの活躍の場を与えていただけたことを感謝したい。

私はネットワーク技術やサイバーセキュリティの研究をしており、三菱総合研究所に入社して以来、多くの政策に関する調査研究に従事した。その際に関連分野の調査に関わったことが、本書の分析フレームワークを構成するのにとても役立った。中でも情報通信やサイバーセキュリティだけでなく、外交・安全保障や貿易管理といった幅広い分野に関われたことは、私がサイバーセキュリティと国際政治において領域横断的に取り組むべき研究が多数あることを認識する上で欠かせないことであった。

本書の執筆にあたって多くのコメントや新たな論点を提供していただいた方に感謝したい。本書の枠組みを国際安全保障学会にて報告した際、東京大学准教授の伊藤亜聖氏から資料や有益な示唆を頂いた。伊藤先生のご指摘は網羅的かつ的確であり、本書の内容の充実に欠かせないものであった。また、慶應義塾大学グローバルリサーチインスティテュート（ＫＧＲＩ）の小宮山功一朗氏からの原稿に対するコメントは、本書をより良いものにすることができた。また、東京海上ディーアールの川口貴久氏、外交問題評議会のアダム・シーガル（Adam Segal）氏とジョシュア・クランジック（Joshua Kurlantzick）氏、全米アジア研究所のアシュリー・ドッタ（Ashley Dutta）氏、米海軍兵学校のマーティン・リビッキ（Martin Libicki）氏、関西学院大学教授の井上一郎氏には本書の元となる研究の遂行にあたって、有益なコメントを頂いた。

日経BP日本経済新聞出版本部の田口恒雄氏と堀口祐介氏からは、前著に引き続き、本書の構想段階から様々なアイデアを提供頂いた。特にお二人との本書に関する企画の相談は、ストーリーや構成を考える上でとても参考になった。

本書では次の研究成果の一部を利用している。

・Dai Mochinaga, "The Expansion of China's Digital Silk Road and Japan's Response," *Asia Policy*. Volume 15, Number 1, January, 2020, pp.41-60

・Dai Mochinaga, "The Digital Silk Road and China's Technology Influence in Southeast Asia," Council on Foreign Relations Asia Unbound, June 10, 2021

349 U.K. Department for Business, Energy & Industrial Strategy, "National Security and Investment Act," November 11, 2020, https://www.gov.uk/government/collections/national-security-and-investment-bill

350 Intelligence and Security Committee, "Foreign involvement in the Critical National Infrastructure The implications for national security," June, 2013, https://assets.publishing.service.gov.uk/government/uploads/system/uploads/attachment_data/file/205680/ISC-Report-Foreign-Investment-in-the-Critical-National-Infrastructure.pdf

351 Marcus Willett, "UK, Huawei and 5G: six myths debunked," IISS, January 28, 2020, https://www.iiss.org/blogs/analysis/2020/01/csfc-uk-huawei-and-5g-six-myths-debunked

352 Huawei Cyber Security Evaluation Centre（HCSEC）Oversight Board, "Annual Report 2019: A report to the National Security Adviser of the United Kingdom," March, 2019, https://assets.publishing.service.gov.uk/government/uploads/system/uploads/attachment_data/file/790270/HCSEC_OversightBoardReport-2019.pdf

353 Huawei, "The Economic Impact of Huawei in the UK," May, 2019, https://www.oxfordeconomics.com/publication/download/314572

354 外務省「日米豪印協議」2019年5月31日、https://www.mofa.go.jp/mofaj/press/release/press4_007482.html

355 科学技術・学術政策研究所「政府の予算」『科学技術指標 2020』第 1 章第 2 節、https://www.nistep.go.jp/stiindicator/2020/RM29512.html

356 岩永直大「インターネットトラヒック研究会 資料」総務省、2021 年 3 月 9 日、https://www.soumu.go.jp/maincontent/000737253.pdf

May 21, 2019, https://www.federalregister.gov/documents/2019/05/21/2019-10616/addition-of-entities-to-the-entity-list

341 Cecilla Kang, "Huawei Ban Threatens Wireless Service in Rural Areas," *New York Times*, May 25, 2019, https://www.nytimes.com/2019/05/25/technology/huawei-rural-wireless-service.html

342 Competitive Carriers Association, "In the Matter of Protecting Against National Security Threats to the Communications Supply Chain Through FCC Programs Comments of Competitive Carriers Association," June 1, 2018, https://ecfsapi.fcc.gov/file/1060139338545/CCA%20Comments%20on%20FCC%20Communications%20Supply%20Chain%20NPRM%20(060118).PDF

343 Federal Register, "Addition of Huawei Non-U.S. Affiliates to the Entity List, the Removal of Temporary General Licence, and Amendments to General Prohibition Three (Foreign-Produced Direct Product Rule)," 85 FR 51596, August 20, 2020, https://www.federalregister.gov/documents/2020/08/20/2020-18213/addition-of-huawei-non-us-affiliates-to-the-entity-list-the-removal-of-temporary-general-license-and

344 U.S. Congress, "SECURE AND TRUSTED COMMUNICATIONS NETWORKS ACT OF 2019," Pub. L. No. 116-124, 2020, https://www.congress.gov/116/plaws/publ124/PLAW-116publ124.pdf

345 U.S. Department of State, "The Clean Network," https://2017-2021.state.gov/the-clean-network/index.html

346 Harrison Polites, "Government bans Huawei from NBN tenders," March 26, 2012, https://www.theaustralian.com.au/business/business-spectator/news-story/government-bans-huawei-from-nbn-tenders/84dcd69855af473f4f0d1f32ecb420cf

347 Australian Government, "Government Provides 5G Security Guidance to Australian Carriers," August 23, 2018, https://parlinfo.aph.gov.au/parlInfo/download/media/pressrel/6164495/upload_binary/6164495.pdf;fileType=application%2Fpdf#search=%22media/pressrel/6164495%22

348 U.K. Department for Digital, Culture, Media & Sport, "Huawei to be removed from UK 5G networks by 2027," July 14, 2020, https://www.gov.uk/government/news/huawei-to-be-removed-from-uk-5g-networks-by-2027

332 総務省「第5世代移動通信システムの導入のための特定基地局の開設に関する指針について」2018年12月、https://www.soumu.go.jp/main_content/000589764.pdf

333 Northrop Grumman, "US-China Economic and Security Review Commission Report on the Capability of the People's Republic of China to Conduct Cyber Warfare and Computer Network Exploitation," October 9, 2009; U.S. Department of Defense, "Military and Security Developments Involving the People's Republic of China," August 16, 2010, https://archive.defense.gov/pubs/pdfs/2010_CMPR_Final.pdf

334 Joann S. Luplin, and Shayndi Rice, "Security Fears Kill Chinese Bid in U.S.," *Wall Street Journal*, November 5, 2010, https://www.wsj.com/articles/SB10001424052748704353504575596611547810220; Letter from Senator Kyl et al. to Honorable Timothy Geithner, U.S. Sec'y of Treasury, et al., August 18, 2010, http://graphics8.nytimes.com/packages/pdf/business/20100823-telecom.pdf

335 Letter from Senator Jon Kyl et al. to Hon. Julius Genachowski, Chairman, FCC, U.S. Senate Committee on Homeland Security & Governmental Affairs, October 19, 2010, https://www.hsgac.senate.gov/media/minority-media/congressional-leaders-cite-telecommunications-concerns-withfirms-that-have-ties-with-chinese-government

336 U.S. House Permanent Select Committee on Intelligence, "Investigative Report on the U.S. National Security Issues Posed by Chinese Telecommunications Companies Huawei and ZTE," October 8, 2012

337 U.S. Congress, "CONSOLIDATED AND FURTHER CONTINUING APPROPRIATIONS ACT, 2013," Pub. L. No. 113-6, § 516, 127 Stat. 198, 273, https://www.congress.gov/113/plaws/publ6/PLAW-113publ6.pdf

338 Congressional Research Service, "Huawei v. United States: The Bill of Attainder Clause and Huawei's Lawsuit Against the United States," March 14, 2019, https://crsreports.congress.gov/product/pdf/LSB/LSB10274

339 Memorandum Opinion and Order, Huawei Technologies USA, Inc. v. United States, No. 4:19-cv-00159, E.D.Tex., February 18, 2020, https://www.courthousenews.com/wp-content/uploads/2020/02/huawei.pdf

340 Federal Register, "Addition of Entities to the Entity List," 84 FR 22961,

321 White House, "Free and Open Indo-Pacific," January 5, 2021, https://trumpwhitehouse.archives.gov/wp-content/uploads/2021/01/OBrien-Expanded-Statement.pdf

322 NHK「自由で開かれたインド太平洋誕生秘話」2021年6月30日、https://www.nhk.or.jp/politics/articles/feature/62725.html

323 U.S. Department of State, "A Free and Open Indo-Pacific Advancing a Shared Vision," November 4, 2019, https://www.state.gov/wp-content/uploads/2019/11/Free-and-Open-Indo-Pacific-4Nov2019.pdf

324 White House, "U.S. Strategic Framework for the Indo-Pacific," https://trumpwhitehouse.archives.gov/wp-content/uploads/2021/01/IPS-Final-Declass.pdf

325 Australian Department of Foreign Affairs and Trade, "The Indo-Pacific: Australia's Perspective," April 29, 2019, https://www.dfat.gov.au/news/speeches/Pages/the-indo-pacific-australias-perspective

326 White House, "Remarks by President Biden on America's Place in the World," https://www.whitehouse.gov/briefing-room/speeches-remarks/2021/02/04/remarks-by-president-biden-on-americas-place-in-the-world/

327 White House, "Fact Sheet: Quad Summit," March 12, 2021, https://www.whitehouse.gov/briefing-room/statements-releases/2021/03/12/fact-sheet-quad-summit/

328 White House, "Remarks by National Security Advisor Jake Sullivan at the National Security Commission on Artificial Intelligence Global Emerging Technology Summit," July 13, 2021, https://www.whitehouse.gov/nsc/briefing-room/2021/07/13/remarks-by-national-security-advisor-jake-sullivan-at-the-national-security-commission-on-artificial-intelligence-global-emerging-technology-summit/

329 Huawei「当社について」、https://www.huawei.com/jp/trust-center/trustworthy/we-are

330 内閣サイバーセキュリティセンター「IT調達に係る国の物品等又は役務の調達方針及び調達手続に関する申合せ」2018年12月10日、https://www.nisc.go.jp/active/general/pdf/chotatsu_moshiawase.pdf

331 総務省「第5世代移動通信システム（5G）の導入のための特定基地局の開設計画の認定（概要）」2019年4月、https://www.soumu.go.jp/main_content/000613734.pdf

専門家会合の開催（結果）」2021年1月26日、https://www.mofa.go.jp/mofaj/press/release/press3_000409.html

311 海外通信・放送・郵便事業支援機構「JICTのご案内」、https://www.soumu.go.jp/main_content/000534169.pdf

312 海外通信・放送・郵便事業支援機構「シンガポール・ミャンマー・インド間海底ケーブルの建設開始について」2019年12月13日、https://www.jictfund.co.jp/wp/wp-content/uploads/2020/01/20191213_press.pdf

313 村井純「インターネット『海底の動脈』の知られざる全容」『API地経学ブリーフィング』No.20、2020年9月21日、https://apinitiative.org/2020/09/21/11083/

314 経済産業省「デジタル経済に関する大阪宣言（仮訳）」2019年6月、https://www.meti.go.jp/press/2019/06/20190628001/2019062800102.pdf

315 国立国会図書館「第198回国会　参議院　予算委員会　第13号　平成31年3月25日」、https://kokkai.ndl.go.jp/txt/119815261X01320190325/270

316 新華網「外交部長王毅就中国外交政策和対外関系回答中外記者提問」2018年3月8日、http://www.xinhuanet.com/politics/2018lh/2018-03/08/c1122508612.htm

317 国際協力機構「日ASEAN技術協力協定に基づく第1号案件――ASEAN地域のサイバーセキュリティ対策強化のための政策能力の向上に貢献」2020年2月7日、https://www.jica.go.jp/press/2019/20200206_10.html

318 Henry Tugendhat, “Connection issues: a study on the limitations of knowledge transfer in Huawei’s African training centres,” *Journal of Chinese Economic and Business Studies*, July 1, 2021, https://doi.org/10.1080/14765284.2021.1943194

319 Tomoya Onishi, “Vietnam’s Viettel shuns Huawei 5G tech over cybersecurity,” *Nikkei Asia*, September 6, 2019, https://asia.nikkei.com/Spotlight/Huawei-crackdown/Vietnam-s-Viettel-shuns-Huawei-5G-tech-over-cybersecurity

320 総務省「第3回日ベトナムICT共同作業部会の開催結果」2019年12月3日、https://www.soumu.go.jp/menu_news/s-news/01tsushin09_02000099.html; 総務省「高市総務大臣のベトナムへの訪問結果」2020年1月14日、https://www.soumu.go.jp/menu_news/s-news/01tsushin09_02000103.html

2021年1月12日、https://www.fmprc.gov.cn/web/wjbzhd/t1845823.shtml

298 中華人民共和国外交部「東盟高度重視中方提出的《全球数拠安全倡議》」2020年9月9日、https://www.fmprc.gov.cn/web/wjbzhd/t1813585.shtml

299 中華人民共和国中央人民政府「巴基斯坦歓迎中方提出《全球数拠安全倡議》」2020年9月15日、http://www.gov.cn/xinwen/2020-09/15/content 5543515.htm

300 中華人民共和国外交部「駐南非大使陳暁東：把握発展新維度、打造中非合作新高度」2020年12月14日、https://www.mfa.gov.cn/web/zwbd673032/gzhd673042/t1823725.shtml

301 中華人民共和国駐厄瓜多爾使館「駐厄瓜多爾大使陳国友出席中資企業向厄捐贈設備儀式」2020年12月21日、http://www.chinacelacforum.org/chn/zgtlmjlbgjgx/t1841405.htm

302 中華人民共和国外交部「中阿数拠安全合作倡議」2021年3月29日、https://www.fmprc.gov.cn/web/ziliao674904/1179674909/t1865097.shtml

303 中国共産党新聞「中華人民共和国和俄羅斯聯邦関于《中俄睦隣友好合作条約》簽署二十周年的聯合声明」2021年6月29日、http://cpc.people.com.cn/n1/2021/0629/c64387-32143320.html

304 Kentaro Iwamoto, "Huawei 5G dominance threatened in Southeast Asia," *Nikkei Asia*, July 20, 2020, https://asia.nikkei.com/Spotlight/Huawei-crackdown/Huawei-5G-dominance-threatened-in-Southeast-Asia

305 外務省「第23回日・ASEAN首脳会議『インド太平洋に関するASEAN・アウトルック（AOIP）協力についての第23回日アセアン首脳会議共同首脳声明』の発出」2020年11月12日、https://www.mofa.go.jp/mofaj/a_o/rp/page3_002923.html

306 NHK「自由で開かれたインド太平洋誕生秘話」2021年6月30日、https://www.nhk.or.jp/politics/articles/feature/62725.html

307 神保謙「『インド太平洋』構想の射程と課題」『国際安全保障』第46巻、第3号、2018年12月、pp. 1-11

308 内閣サイバーセキュリティセンター「サイバーセキュリティ戦略」2018年7月27日、https://www.nisc.go.jp/active/kihon/pdf/cs-senryaku2018.pdf

309 内閣サイバーセキュリティセンター「次期サイバーセキュリティ戦略（案）について」2021年7月7日、https://www.nisc.go.jp/conference/cs/dai30/pdf/30shiryou01.pdf

310 外務省「サイバーセキュリティに関するARF会期間会合のための第6回

《2020年全国標准化工作要点》的通知」2020年3月24日、http://www.gov.cn:8080/zhengce/zhengceku/2020-03/24/content5494968.htm

288 三菱総合研究所「国際標準化に係る中国・韓国の動向について」経済産業省、2016年3月、https://www.meti.go.jp/policy/economy/hyojun-kijun/pdf/doukou.pdf

289 Eric Stasik, "Royalty Rates and Licensing Strategies for Essential Patents on LTE (4G) Telecommunication Standards," *les Nouvelles*, September, 2010, p. 116

290 International Telecommunication Union, "'New IP, Shaping Future Network': Propose to initiate the discussion of strategy transformation for ITU-T," September 10, 2019, https://www.itu.int/md/T17-TSAG-C-0083; 提案文書の本文はFTが掲載している http://prod-upp-image-read.ft.com/712584fc-7045-11ea-89df-41bea055720b; Huawei Technologies, "Internet 2030 Towards a New Internet for the Year 2030 and Beyond," https://www.itu.int/en/ITU-T/studygroups/2017-2020/13/Documents/Internet_2030%20.pdf

291 Internet Engineering Task Force, "Liaison statement Response to 'LS on New IP, Shaping Future Network'," March 30, 2020, https://datatracker.ietf.org/liaison/1677/

292 Madhumita Murgia, and Anna Gross, "Inside China's controversial mission to reinvent the internet," *Financial Times*, March 28, 2020, https://www.ft.com/content/ba94c2bc-6e27-11ea-9bca-bf503995cd6f

293 青山瑠妙「中国のシンクタンクと対外政策」『国際問題』第575号、2008年10月、pp. 14-25、http://www2.jiia.or.jp/kokusaimondaiarchive/2000/2008-10002.pdf?noprint

294 Center for Strategic and International Studies, "Track 1.5 U.S.-China Cyber Security Dialogue," https://www.csis.org/programs/strategic-technologies-program/cybersecurity-and-governance/other-projects-cybersecurity-3

295 中華人民共和国外交部「全球数据安全倡议」2020年9月8日、https://www.fmprc.gov.cn/web/wjbzhd/t1812949.shtml

296 中華人民共和国外交部「中華人民共和国和俄羅斯聯邦外交部長聯合声明」2020年9月11日、https://www.fmprc.gov.cn/web/ziliao_674904/1179_674909/t1814218.shtml

297 中華人民共和国外交部「王毅国務委員訪問緬甸政治共識和具体成果」

4ad2ac54a5f0f78a5270.shtml

275 環球時報「美新規再対華為“卡脖子”、消息人士：如美方計劃実施、中方将予以強力反撃」2020年5月16日、https://world.huanqiu.com/article/9CaKrnKqYGZ

276 長谷川将規『経済安全保障——経済は安全保障にどのように利用されているのか』日本経済評論社、2013年

277 跨境銀行間支付清算「CIPS 系統参与者公告（第六十六期）」2021年6月30日、https://www.cips.com.cn/cips/ywfw/cyzgg/51777/index.html

278 跨境銀行間支付清算「人民币跨境支付“一带一路”资金融通高速公路」2019年4月28日、http://www.cips.com.cn/cips/xwzx/_2719/32268/index.html

279 Eric Lichtblau, and James Risen, "Bank Data Is Sifted by U.S. in Secret to Block Terror," June 23, 2006, https://www.nytimes.com/2006/06/23/washington/23intel.html

280 中国銀行保険監督管理委員会「我国銀行業網絡風険与監管調査研究」2018年10月、http://www.cbirc.gov.cn/chinese/files/2018/F4A250B6C7FF428AB044F07C4CB4636D.pdf

281 Singaporean Monetary Authority, "Sandbox," https://www.mas.gov.sg/development/fintech/sandbox; Central Bank of Malaysia, "Financial Technology Regulatory Sandbox Framework," October 18, 2016, https://www.bnm.gov.my/-/financial-technology-regulatory-sandbox-framework

282 中華人民共和国中央人民政府「新聞弁就《国家信息化発展戦略綱要》有関情況挙行発布会」2016年7月27日、http://www.gov.cn/xinwen/2016-07/27/content5095331.htm

283 中華人民共和国商務部「中国対外投資合作発展報告 2020」2021年2月2日、http://images.mofcom.gov.cn/fec/202102/20210202162924888.pdf

284 IMT－2020（5G）推進組「組織架構」、http://www.imt2020.org.cn/zh/category/65588

285 中華人民共和国工業情報化部「《信息産業科技発展“十一五”規劃和2020年中長期規劃綱要》－保障措施」2008年9月1日、https://www.miit.gov.cn/jgsj/kjs/ghzc/art/2020/artd7700b69dbed4001a126a098ed3787d0.html

286 新華社「国家標准委：正制定《中国標准2035》」2018年1月10日、http://www.xinhuanet.com/fortune/2018-01/10/c129787658.htm

287 中華人民共和国国家標準化管理委員会「国家標准化管理委員会関于印発

264 新華網「中央経済工作会議在北京挙行 習近平李克強作重要講話 栗戦書汪洋王滬寧趙楽際韓正出席会議」2020年12月18日、http://www.xinhuanet.com/politics/leaders/2020-12/18/c1126879325.htm

265 中華人民共和国全国人民代表大会「中華人民共和国数据安全法」2021年6月10日、http://www.npc.gov.cn/npc/c30834/202106/7c9af12f51334a73b56d7938f99a788a.shtml

266 ロイター「焦点：舌禍が招いたアント上場延期、ジャック・マー氏の大誤算」2020年11月7日、https://jp.reuters.com/article/ant-group-ipo-suspension-regulators-idJPKBN27M0MT

267 中国人民銀行「人民銀行等十部門発布《関于促進互聯網金融健康発展的指導意見》」2015年7月18日、http://www.gov.cn/xinwen/2015-07/18/content2899360.htm

268 新華網「新一輪網貸整治開啓：全国統一口径 多地展開自査」2018年9月7日、http://www.xinhuanet.com/2018-09/07/c1123392166.htm；新華網「P2P清零謝幕 新政迭出“堵偏門”也“開正門”」2018年12月28日、http://www.xinhuanet.com/fortune/2020-12/28/c1126914550.htm

269 国家互聯網信息弁公室「網絡安全審査弁公室関于対“滴滴出行”啓動網絡安全審査的公告」2021年7月2日、http://www.cac.gov.cn/2021-07/02/c_1626811521011934.htm

270 Financial Times, “Didi caught as China and US battle over data,” July 6, 2021, https://www.ft.com/content/00403ae5-7565-413e-907d-ad46549375ba

271 Richard Nephew, “China and Economic Sanctions: Where Does Washington Have Leverage?,” September 30, 2019, https://www.brookings.edu/wp-content/uploads/2019/09/FP_20190930_china_economic_sanctions_nephew.pdf

272 中華人民共和国商務部「商務部令2020年第4号 不可靠実体清単規定」2020年9月19日、http://www.mofcom.gov.cn/article/b/fwzl/202009/20200903002593.shtml

273 中華人民共和国商務部「商務部令2021年第1号 阻断外国法律与措施不当域外適用弁法」2021年1月9日、http://www.mofcom.gov.cn/article/b/c/202101/20210103029710.shtml

274 中華人民共和国全国人民代表大会「中華人民共和国反外国制裁法」2021年6月10日、http://www.npc.gov.cn/npc/c30834/202106/d4a714d5813c

6b447/a0884ece-c720-4692-a6f7-e32f4b56f823.pdf

252 江蘇亨通光電「关于与上海同济资产经营公司共同投资设立上海亨通海洋装备有限公司的公告」http://pdf.dfcfw.com/pdf/H2AN2017040504761995151.pdf；亨通集团官网「向蔚蓝世界进军　亨通光电与同济大学合资设立海洋装备公司」2016年4月6日、http://www.hengtonglog.com/nd.jsp?id=296

253 堀浩一「人間や環境を含んだ新しい知能の世界としての人工知能」人工知能学会監修『人工知能とは』近代科学社、pp. 91-114、2016年

254 溝口理一郎「知能へのアプローチ——人工知能研究はどう貢献するか」人工知能学会監修『人工知能とは』pp. 49 - 69、近代科学社、2016年

255 門間理良「情報化戦争の準備を進める中国」『中国安全保障レポート2021——新時代における中国の軍事戦略』pp. 5-20、2020年、http://www.nids.mod.go.jp/publication/chinareport/pdf/chinareportJPweb2021A01.pdf；戴鳳秀編著『信息化国防動員概論』p. 43、軍事科学出版社、2004年

256 中華人民共和国中央人民政府「習近平：決勝全面建成小康社会 奪取新時代中国特色社会主義偉大勝利－在中国共産党第十九次全国代表大会上的報告」2017年10月27日、http://www.gov.cn/zhuanti/2017-10/27/content5234876.htm

257 中華人民共和国全国人民代表大会「中華人民共和国国防交通法」2016年9月3日、http://www.npc.gov.cn/zgrdw/npc/xinwen/2016-09/03/content1996764.htm

258 中華人民共和国中央人民政府「政府工作報告（全文）」2014年3月14日、http://www.gov.cn/guowuyuan/2014-03/14/content2638989.htm

259 中国共産党新聞「習近平：実施国家大数拠戦略加快建設数字中国」2017年12月9日、http://cpc.people.com.cn/n1/2017/1209/c64094-29696290.html

260 中華人民共和国全国人民代表大会「中華人民共和国密碼法」2019年10月26日、http://www.npc.gov.cn/npc/c30834/201910/6f7be7dd5ae5459a8de8baf36296bc74.shtml

261 発源地、http://www.finndy.com/

262 中国信息通信研究院「大数拠白皮書（2018年）」2018年4月、http://www.caict.ac.cn/kxyj/qwfb/bps/201804/t20180426158555.htm

263 中華人民共和国中央人民政府「中共中央弁公庁印発《関于加強新時代民営経済統戦工作的意見》」2020年9月15日、http://www.gov.cn/zhengce/2020-09/15/content5543685.htm

242 James Kynge, Valerie Hopkins, Helen Warrell, and Kathrin Hille, "Exporting Chinese surveillance: the security risks of 'smart cities'," Financial Times, June 9, 2021, https://www.ft.com/content/76fdac7c-7076-47a4-bcb0-7e75af0aadab

243 European Parliament, "Safe City project in Serbia-China penetrating into Europe," October 2, 2019, https://www.europarl.europa.eu/doceo/document/E-9-2019-003068_EN.html

244 Nyan Hlaing Lin, and MinMin, "Hundreds of Huawei CCTV Cameras With Facial Recognition Go Live in Naypyitaw," Myanmar Now, December 15, 2020, http://www.myanmar-now.org/en/news/hundreds-of-huawei-cctv-cameras-with-facial-recognition-go-live-in-naypyitaw

245 Problem Masau, "Zimbabwe: Chinese Tech Revolution Comes to Zimbabwe," October 9, 2019, https://allafrica.com/stories/201910090185.html

246 Garikai Dzoma, "Zimbabwe Government Is Sending Our Faces To China So China's Artificial Intelligence System Can Learn To See Black Faces," November 8, 2018, https://www.techzim.co.zw/2018/11/zimbabwe-government-is-sending-our-faces-to-china-so-chinas-artificial-intelligence-system-can-learn-to-see-black-faces/

247 Angus Berwick, "How ZTE helps Venezuela create China-style social control," November 14, 2018, https://www.reuters.com/investigates/special-report/venezuela-zte/

248 岩本広志、八塚正晃「中国の軍民融合発展戦略」『中国安全保障レポート2021――新時代における中国の軍事戦略』第4章、pp. 55-72、2020年、http://www.nids.mod.go.jp/publication/chinareport/pdf/chinareportJPweb2021A01.pdf

249 中華人民共和国中央人民政府「中共中央関于制定国民経済和社会発展第十箇五年計劃的建議」2000年10月11日、http://www.gov.cn/gongbao/content/2000/content60538.htm

250 千人計画網「千人計劃介紹」(2020年1月20日時点のアーカイブ)、https://web.archive.org/web/20200120000902/http://www.1000plan.org.cn/qrjh/section/2?m=rcrd

251 同済大学「海洋地質国家重点研究室2016年報」2016年、p. 32、https://mlab.tongji.edu.cn/_upload/article/files/62/db/ba739c8c425c9d14c93b95b

loading," November 20, 2020, http://www.peacecable.net/news/Detail/16623

230 Huawei Marine, http://www.huaweimarine.com/en/Experience

231 Bloomburg, "Embattled Huawei to Exit Undersea Cable Business After Trump Ban," June 3, 2019, https://www.bloomberg.com/news/articles/2019-06-03/embattled-huawei-to-exit-undersea-cable-business-amid-trump-ban

232 江蘇亨通光電「江蘇亨通光電股份有限公司 関于発行股份及支付現金購買資産暨関聯交易 之発行結果暨股本変動的公告」2020年3月12日、https://q.stock.sohu.com/newpdf/202038675069.pdf

233 蘇州市人民政府「亨通海纜交付量首破1万公裏 樹立中国海纜産業発展裏程碑」2018年11月27日、https://www.suzhou.gov.cn/szsrmzf/szyw/201811/B0J5RUKBXEWG7O9BM4VGNZDXIQUJDFDB.shtml

234 藤原法之、菱木賢治、片山武「海底地震観測システム」『NEC技報』第62巻、第4号、2009年、https://jpn.nec.com/techrep/journal/g09/n04/pdf/090413.pdf

235 興業証券「興業軍工行業深度系列之六海底長城——海底監測網行業深度研究」2017年9月22日、http://www.invest-data.com/eWebEditor/uploadfile/2018022721242690182141.pdf

236 中華人民共和国外交部「我在非洲建経済特区」2021年1月12日、https://www.fmprc.gov.cn/zfhzlt2018/chn/zfgx/jmhz/t1845933.htm

237 山田賢一「ネットの普及は中国メディアをどこまで変えられるか——東京・札幌国際シンポジウムに参加して」『放送研究と調査』2010年4月、pp. 52-59、https://www.nhk.or.jp/bunken/summary/research/report/2010_04/100404.pdf

238 Sebastian Heilmann, "Leninism Upgraded: Xi Jinping's Authoritarian Innovations," China Economic Quarterly, December, 2016, pp. 15-22

239 Freedom House, "Key Internet Controls 2020," https://freedomhouse.org/report/freedom-net/2020/key-internet-controls

240 Caitlin Campbell, "China's Military: The People's Liberation Army (PLA)," Congressional Research Service, June 4, 2021, pp. 48-50, https://crsreports.congress.gov/product/pdf/R/R46808

241 中華人民共和国聯網信息弁公室「数拠為智能治理賦能"城市大脳"迸発智慧光芒」2019年11月4日、http://www.cac.gov.cn/2019-11/04/c1574399753163706.htm

policy_in_asia_pacific_region_2016.pdf

220 China Pakistan Economic Corridor, "Cross Border Optical Fiber Cable," http://cpec.gov.pk/project-details/40

221 Telegeography, "PTCL and Huawei sign DWDM deal," December 15, 2008, https://www.telegeography.com/products/commsupdate/articles/2008/12/15/ptcl-and-huawei-sing-dwdm-deal/; Huawei, "Huawei Partners with PTCL to Deliver Quality Broadband through Fixed Network Modernization," October 30, 2017, https://www.huawei.com/en/press-events/news/2017/10/Huawei-Partner-PTCL-Quality-Broadband

222 Pakistan Telecommunication Company Limited, "PTCL and China Telecom Global sign MoU to establish Optical Fiber Network," March 7, 2017, https://ptcl.com.pk/Home/PressReleaseDetail/?ItemId=534

223 騰訊「騰訊雲全球基礎設施」、https://intl.cloud.tencent.com/zh/global-infrastructure

224 Glenn Greenwald, and Ewen MacAskill, "NSA Prism program taps in to user data of Apple, Google and others," Guardian, June 7, 2013, https://www.theguardian.com/world/2013/jun/06/us-tech-giants-nsa-data; Craig Timberg, "NSA slide shows surveillance of undersea cables," *Washington Post*, July 10, 2013 https://www.washingtonpost.com/business/economy/the-nsa-slide-you-havent-seen/2013/07/10/32801426-e8e6-11e2-aa9f-c03a72e2d342_story.html?utm_term=.d7445b8568ab

225 Citizen Lab, "We (can't) Chat '709 Crackdown' Discussions Blocked on Weibo and WeChat," April 13, 2017, https://citizenlab.ca/2017/04/we-cant-chat-709-crackdown-discussions-blocked-on-weibo-and-wechat/

226 Reuters, "China's top social messaging app censors users abroad: report," December 1, 2016, https://www.reuters.com/article/us-china-censorship/chinas-top-social-messaging-app-censors-users-abroad-report-idUSKBN13Q46C

227 中華人民共和国国務院新聞弁公室「新時代的中国国防」2019 年 7 月、https://www.fmprc.gov.cn/ce/cegv/chn/dbtyw/cjjk1/Bj1/t1683055.htm

228 PEACE Cable International Network, "Consortium Signs MOU for PEACE Submarine Cable Project," October 19, 2017, http://www.peacecable.net/News/Detail/16579

229 PEACE Cable International Network, "PEACE finished the first cable

to the National Security Adviser of the United Kingdom," March, 2019, https://assets.publishing.service.gov.uk/government/uploads/system/uploads/attachment_data/file/790270/HCSEC_OversightBoardReport-2019.pdf

212 Center for Strategic and International Studies, "China's Digital Silk Road," February 11, 2019, https://www.csis.org/analysis/chinas-digital-silk-road

213 Submarine Cable Networks,"AAE-1 Cable System Launches for Service," June 26, 2017, https://www.submarinenetworks.com/en/systems/asia-europe-africa/aae-1/aae-1-ready-for-service; Submarine Cable Networks, "AAE-1 Cable Deploys Infinera ICE4 to Double Capacity," May 27, 2020, https://www.submarinenetworks.com/en/systems/asia-europe-africa/aae-1/aae-1-cable-deploys-infinera-ice4-to-double-capacity

214 ビジネスコミュニケーション「台湾沖地震のサービス復旧で実証されたNTTコミュニケーションズグローバルネットワークの強み」『日刊ビジネスコミュニケーション』第44巻、第4号、pp. 34-39、2007年、https://www.bcm.co.jp/site/2007/04/ntt-com/0704-ntt-com.pdf

215 International Cable Protection Committee, "Subsea Landslide is Likely Cause of SE Asian Communications Failure," March 21, 2007, https://www.iscpc.org/documents/?id=9

216 山田紀彦「ラオス・中国高速鉄道プロジェクト――これまでの経緯、進捗状況、問題」『IDEスクエア』2018年8月、https://ir.ide.go.jp/?action=repositoryuri&itemid=50473&fileid=58&fileno=1

217 Xinhua, "Four companies to provide ICT services for China-Laos railway," January 11, 2017, http://www.xinhuanet.com//english/2017-01/11/c_135971222.htm；山田紀彦「ラオス・中国高速鉄道プロジェクト――これまでの経緯、進捗状況、問題点」『IDEスクエア』2018年8月

218 Huawei, "Laos and Huawei enhance nation ICT development Lao President H.E. Bounnhang Vorachit Met With Huawei Southeast Asia Region President James Wu," May 30, 2018, https://www.huawei.com/en/press-events/news/2018/5/Lao-President-Huawei-ICT

219 International Telecommunication Union, "White Paper on Broadband regulation and policy in asia-pacific region facilitating faster broadband development," November 15, 2016, http://carrier.huawei.com/~/media/CNBG/Downloads/track/white_paper_on_broadband_regulation_and_

は、「立法機関が定義する目的の達成をその分野で活動する主体（経済運営主体、社会的パートナー、非政府組織、または関連団体）に委ねる法的措置のメカニズム」である。The European Parliament, The Council of The European Union, and The Commission of the European Communities, "Interinstitutional agreement on better law-making," Official Journal C 321, December 31, 2003, pp. 0001-0005, https://eur-lex.europa.eu/legal-content/EN/TXT/?uri=CELEX%3A32003Q1231%2801%29

205 左光敦「P2Pレンディングの仕組みと法規制——英国のP2Pレンディング規制を中心に」日本銀行金融研究所『金融研究』2018年1月、https://www.imes.boj.or.jp/research/papers/japanese/kk37-1-5.pdf

206 2001年にOECDの開発援助委員会（Development Assistance Committee：DAC）は、後発開発途上国（LDCs）向け援助のアンタイド化勧告を採択した。同勧告は、アンタイドの政府開発援助（ODA）を「ほぼすべての被援助国およびOECD諸国からの自由かつ十分な調達が可能な融資または補助金のことを指す」と定義している。外務省「日本の政府開発援助（ODA）」、https://www.mofa.go.jp/mofaj/gaiko/oda/shiryo/hakusyo/11hakusho/honbun/b0/yogo.html

207 Society for Worldwide Interbank Financial Telecommunication, "RMB TrackerMonthly reporting and statistics on renminbi (RMB) progress towards becoming an international currency," February, 2021, https://www.swift.com/swift-resource/250281/download

208 中国人民銀行「2020年人民元国際化報告」2020年8月14日、http://www.gov.cn/xinwen/2020-08/14/5534896/files/efc3e33de4124221bb56825649a0e4d0.pdf

209 谷口栄治「中国アント・グループを巡る騒動の背景とインプリケーション」日本総合研究所『Research Forcus』アジア金融動向シリーズNo.1、2021年1月18日、https://www.jri.co.jp/MediaLibrary/file/report/researchfocus/pdf/12349.pdf

210 Matthew S. Erie and Thomas Streinz, "The Beijing Effect: China's 'Digital Silk Road' as Transnational Data Governance," *New York University Journal of International Law and Politics* (JILP), April 1, 2021, https://ssrn.com/abstract=3810256

211 U.K. Cabinet Office, "HUAWEI Cyber Security Evaluation Centre (HCSEC) OVERSIGHT BOARD ANNUAL REPORT 2019: A report

193 中曽宏「ビッグデータと経済・金融・中央銀行」日本銀行、2017年11月1日、https://www.boj.or.jp/announcements/press/koen_2017/data/ko171101a.pdf; Bank for International Settlements, "IFC Working Papers No 14 Big data: The hunt for timely insights and decision certainty," February, 2016, https://www.bis.org/ifc/publ/ifcwork14.pdf

194 IBM, "IBM Software Defined Infrastructure for Big Data Analytics Workloads," June, 2015, https://www.redbooks.ibm.com/redbooks/pdfs/sg248265.pdf

195 Society for Worldwide Interbank Financial Telecommunication, "SWIFT IN FIGURES December 2020," February 2, 2021, https://www.swift.com/swift-resource/250146/download

196 Bank for International Settlements, "Ready, steady, go? – Results of the third BIS survey on central bank digital currency," January, 2021, https://www.bis.org/publ/bppdf/bispap114.pdf

197 Eli Pariser, "The Filter Bubble: What the Internet is Hiding from You," Penguin, May 12, 2011

198 Eytan Bakshy, Solomon Messing, and Lada A. Adamic, "Exposure to ideologically diverse news and opinion on Facebook," *Science.* Volume 348, Issue 6239, June 5, 2015, pp. 1130-1132

199 佐々木裕一『ソーシャルメディア四半世紀――情報資本主義に飲み込まれる時間とコンテンツ』pp. 452-466、日本経済新聞出版、2018年

200 Robert D. Putnam, "Bowling Alone: The Collapse and Revival of American Community," Simon & Schuster, 2000; Robert D. Putnam, "Our Kids: The American Dream in Crisis," Simon & Schuster, 2016

201 Robert M. Faris, Roberts Hal, Bruce Etling, Nikki Bourassa, Ethan Zuckerman, and Yochai Benkler, "Partisanship, Propaganda, and Disinformation: Online Media and the 2016 U.S. Presidential Election," Berkman Klein Center for Internet & Society Research Paper, 2017, http://nrs.harvard.edu/urn-3:HUL.InstRepos:33759251

202 佐々木裕一、2018年

203 Lester Lawrence Lessig III, "Code: And Other Laws of Cyberspace, Version 2.0," December 5, 2006；ローレンス・レッシグ著、山形浩生訳『CODE VERSION 2.0』翔泳社、2007年

204 欧州議会・欧州理事会・欧州委員会が2003年に示した共同規制の定義

182 U.S. Senate Committee on Armed Services, “Statement of General Paul M. Nakasone Commander United States Cyber Command Before the Senate Committee on Armed Services,” February 14, 2019, https://www.armed-services.senate.gov/imo/media/doc/Nakasone_02-14-19.pdf

183 新華網「新時代的中国国防」2019 年 7 月 24 日、http://www.xinhuanet.com/politics/2019-07/24/c1124792450.htm

184 新華網「習近平在網信工作座談会上的講話全文発表」2016 年 4 月 25 日、http://www.xinhuanet.com//politics/2016-04/25/c_1118731175.htm.

185 John Costello, and Joe McReynolds, “China's Strategic Support Force: A Force for a New Era,” October 2, 2018, https://ndupress.ndu.edu/Media/News/Article/1651760/chinas-strategic-support-force-a-force-for-a-new-era/

186 United Nations, “Group of Governmental Experts on Developments in the Field of Information and Telecommunications in the Context of International Security,” July 22, 2015, https://undocs.org/A/70/174

187 France Diplomatie, “Paris Call of 12 November 2018 for Trust and Security in Cyberspace,” November 12, 2018, https://www.diplomatie.gouv.fr/en/french-foreign-policy/digital-diplomacy/france-and-cyber-security/article/cybersecurity-paris-call-of-12-november-2018-for-trust-and-security-in

188 UN Web TV, “First Committee, 31st meeting - General Assembly, 73rd session,” November 8, 2018, http://webtv.un.org/meetings-events/general-assembly/main-committees/1st-committee/watch/first-committee-31st-meeting-general-assembly-73rd-session/5859574011001

189 UN Web TV, (5th meeting) Open-ended Working Group on developments in the field of information and telecommunications in the context of international security, September 11, 2019, http://webtv.un.org/search/5th-meeting-open-ended-working-group-on-developments-in-the-field-of-information-and-telecommunications-in-the-context-of-international-security/6085482385001/

190 トーマス・フリードマン『フラット化する世界——経済の大転換と人間の未来（上）』日本経済新聞出版、2006 年

191 日本貿易振興機構「インドにおけるＲ＆Ｄの概況 2019 年版」2019 年 6 月、https://www.jetro.go.jp/ext_images/world/asia/in/ip/pdf/overview_RD_201906.pdf

192 伊藤亜聖『デジタル化する新興国』p. 126、中公新書、2020 年

ustr.gov/about-us/policy-offices/press-office/press-releases/2020/january/economic-and-trade-agreement-between-government-united-states-and-government-peoples-republic-china

171 Bloomberg, "How China Won Trump's Trade War and Got Americans to Foot the Bill," January 11, 2021, https://www.bloomberg.com/news/articles/2021-01-11/how-china-won-trump-s-good-and-easy-to-win-trade-war

172 European Police Office, "World's most dangerous malware EMOTET disrupted through global action," January 27, 2021, https://www.europol.europa.eu/newsroom/news/world%E2%80%99s-most-dangerous-malware-emotet-disrupted-through-global-action

173 John Arquilla, and David Ronfeldt, "The Emergence of Noopolitik: Toward An American Information Strategy," *CA: RAND Corporation*, 1999, p. 28, 42, https://www.rand.org/pubs/monograph_reports/MR1033.html

174 Alvin Toffler, *The Third Wave*, Bantam Books, 1980

175 ジョセフ・S・ナイ・ジュニア『国際紛争——理論と歴史』原書第7版、p.291、有斐閣、2009年

176 Alvin Toffler, and Heidi Toffler, *Creating a New Civilization: The Politics of the Third Wave*, Turner Publishing, 1995; Peter F. Drucker, "The next Information Revolution," *Forbes*, August 24, 1998

177 Wassenaar Arrangement Secretariat, "PUBLIC DOCUMENTS Volume II List of Dual-Use Goods and Technologies and Munitions List," December 2019, https://www.wassenaar.org/app/uploads/2019/12/WA-DOC-19-PUB-002-Public-Docs-Vol-II-2019-List-of-DU-Goods-and-Technologies-and-Munitions-List-Dec-19.pdf

178 Joseph S. Nye Jr., "Soft Power: The Means To Success In World Politics," *Public Affairs*, April 27, 2005, pp. 1-31

179 中華人民共和国駐日本国大使館「中国共産党第十七回全国代表大会における報告」2007年11月13日、https://www.fmprc.gov.cn/ce/cejp/jpn/zgyw/t380480.htm

180 スーザン・ストレンジ『国家と市場——国際政治経済学入門』ちくま学芸文庫、2020年

181 スーザン・ストレンジ『国家と市場——国際政治経済学入門』pp. 110-111、ちくま学芸文庫、2020年

of International Relations, Harper Perennial, 1964

161 Kenneth N. Waltz, *Theory of International Politics*, pp. 104-107, Addison-Wesley, 1979

162 Susan Strange, "The Name of the Game," Nicholas X. Rizopoulos ed., "Sea-changes: American Foreign Policy in a World Transformed," Council on Foreign Relations Press, 1990, pp. 238-273

163 U.S. Department of State, "Joint Comprehensive Plan of Action," https://2009-2017.state.gov/e/eb/tfs/spi/iran/jcpoa/index.htm

164 U.S. Government Printing Office, "Comprehensive Iran Sanctions, Accountability, and Divestment Act of 2010," July 1, 2010, https://www.govinfo.gov/content/pkg/PLAW-111publ195/html/PLAW-111publ195.htm

165 Natasha Doff, "Russia Still Paying Price for Crimea Five Years After Annexation," Bloomberg, March 17, 2019, https://www.bloomberg.com/news/articles/2019-03-17/russia-still-paying-price-for-crimea-five-years-after-annexation

166 外務省「ハーグ宣言――オランダ　ハーグ」2014年3月24日、https://www.mofa.go.jp/mofaj/ecm/ec/page24_000231.html

167 Christopher T. Mann, "U.S. War Costs,Casualties, and Personnel LevelsSince 9/11," *Congressional Research Service*, April 18, 2019, https://crsreports.congress.gov/product/pdf/IF/IF11182; Neta C. Crawford, "United States Budgetary Costs and Obligations of Post-9/11 Wars through FY2020: $6.4 Trillion," November 13, 2019, https://watson.brown.edu/costsofwar/files/cow/imce/papers/2019/US%20Budgetary%20Costs%20of%20Wars%20November%202019.pdf

168 U.S. Department of Defense, "Program Acquisition Cost By Weapon System United States Department of Defense Fiscal Year 2021 Budget Request," February 2020, https://comptroller.defense.gov/Portals/45/documents/defbudget/FY2017/FY2017_Weapons.pdf#page=63

169 White House, "DoD News Briefing," March 31, 2003, https://georgewbush-whitehouse.archives.gov/news/releases/2003/03/20030331-5.html

170 Office of the United States Trade Representative, "Economic and Trade Agreement Between the Government of the United States and the Government of the People's Republic of China," January 15, 2020, https://

147 中華人民共和国外交部、“Introduction to Huawei,” https://www.fmprc.gov.cn/ce/cein/eng/jjmy/zymywl/zzgs/t129581.htm

148 Jonathan E. Hillman, *The Digital Silk Road China's Quest to Wire the World and Win the Future*, p37, Profile Books, 2021.

149 Jim Duffy, “Cisco sues Huawei over intellectual property,” Network World, January 8, 2003, https://www.computerworld.com/article/2578617/cisco-sues-huawei-over-intellectual-property.html

150 Alipay Docs, “Transaction QR Code Payment Main flows,” February 26, 2021, https://global.alipay.com/docs/ac/transactionqrcodenew/flows

151 Alipay Twitter Account, November 11, 2017, https://twitter.com/alipay/status/929123909970153472

152 Alibaba Group, “Fact Sheet Electronic World Trade Platform,” September, 2016, https://www.alizila.com/wp-content/uploads/2016/09/eWTP.pdf

153 Google Official Blog, “A new approach to China: an update,” March 22, 2010, https://googleblog.blogspot.com/2010/03/new-approach-to-china-update.html

154 中華人民共和国国務院「社会信用体系建設規劃綱要」2014年6月14日、http://www.gov.cn/zhengce/content/2014-06/27/content8913.htm

155 中華人民共和国中央人民政府「国務院常務会定了這3件大事」2019年6月12日、http://www.gov.cn/guowuyuan/2019-06/12/content5399760.htm

156 広州人材工作網「雲従科技高級副総裁伍楚芸：立足湾区新起点 打造智能新坐標」2019年3月7日、https://rencai.gov.cn/Index/detail/16312

157 Samantha Hoffman, “Social Credit,” Australian Strategic Policy Institute, June 28, 2018, https://www.aspi.org.au/report/social-credit

158 新華網「習近平在第二届世界互聯網大会開幕式上的講話（全文）」2015年12月16日、http://www.xinhuanet.com//politics/2015-12/16/c1117481089.htm

159 パワーの多義性については、土山實男が「パワーの意味は多義的で、その定義も一様ではない」と指摘する（土山實男『安全保障の国際政治学（第二版）』p384、有斐閣、2015年）。また、ナイは「パワーに単一の定義はできない。定義は必ずその人の利益と価値観を反映する」と指摘している。Nye, Joseph S. 2010. “Cyber Power.” Belfer Center for Science and International Affairs（May）: 1-31. P2

160 E. H. Carr, *The Twenty Years' Crisis, 1919-1939: An Introduction to the Study*

民共和国国務院新聞弁公室、2016年9月14日、http://www.scio.gov.cn/xwfbh/xwbfbh/wqfbh/39595/40268/xgzc40274/Document/1652295/1652295.htm

136 益尾知佐子『中国の行動原理——国内潮流が決める国際関係』中公新書、2019年

137 中国－東盟信息港「習近平総書記考察中国——東盟信息港建設情況」2017年5月5日、http://www.caih.com/newsView93.html

138 中国－東盟信息港「合作伙伴」、http://www.caih.com/cooperationList.html

139 Pointe Bello, "The Digital Silk Road Initiative: Wiring Global IT and Telecommunications to Advance Beijing's Global Ambitions," January, 2019, https://a.storyblok.com/f/58650/x/0c5c298009/pointe-bello-digital-silk-road-2019.pdf

140 中華人民共和国国家互聯網信息弁公室「荘栄文在中国——東盟信息港論壇閉幕式上的致辞」2015年9月14日、http://www.cac.gov.cn/2015-09/14/c1116558308.htm

141 中国日報「中国与老挝簽署《網絡空間合作与発展諒解備忘録》」2015年9月13日、http://caijing.chinadaily.com.cn/2015-09/13/content_21848864.htm

142 大橋英夫「中国の非援助型対外経済協力——『対外経済合作』を中心に」国際問題研究所『中国の対外援助』第4章、2013年

143 新浪財経「"一带一路" 将為華為提供 更大的市場空間」2015年5月12日、https://finance.sina.com.cn/roll/20150512/011922155612.shtml

144 Guyana Department of Public Information, "Gov't, Huawei to work on strengthening E-Gov network," January 6, 2017, https://dpi.gov.gy/govt-huawei-to-work-on-strengthening-e-gov-network/

145 華為投資「華為投資控股有限公司2018年年度報告」2019年、https://www-file.huawei.com/-/media/corporate/pdf/annual-report/annual_report2018_cn.pdf

146 U.S. House of Representatives, and Permanent Select Committee on Intelligence, "Investigative Report on the U.S. National Security Issues Posed by Chinese Telecommunications Companies Huawei and ZTE," October 8, 2012, https://intelligence.house.gov/sites/intelligence.house.gov/files/documents/Huawei-ZTE%20Investigative%20Report%20%28FINAL%29.pdf

during Modi visit," *Financial Times*, May 17, 2015, https://www.ft.com/content/88de2eea-fc60-11e4-ae31-00144feabdc0

126 信金中央金庫「信金中金〜上海レポート〜』第11号、2016年3月、https://www.shinkin.co.jp/johoku/communi/pdf/scbshanghai160311.pdf

127 Forum on China-Africa Cooperation, "Alibaba-supported eWTP to avail global market opportunities, linkages to SMEs in Ethiopia," December 16, 2019, https://www.fmprc.gov.cn/zfhzlt2018/eng/zfgx_4/jmhz/t1724699.htm

128 中華人民共和国中央人民政府「習近平：国家中長期経済社会発展戦略若干重大問題」2020年10月31日、http://www.gov.cn/xinwen/2020-10/31/content_5556349.htm

129 Huawei, "Huawei Releases White Paper on Innovation and Intellectual Property 2020," March 16, 2021, https://www.huawei.com/en/news/2021/3/huawei-releases-whitepaper-innovation-intellectual-property-2020

130 U.S. International Trade Administration, "Philippines - Information and Communications Technology," https://www.export.gov/apex/article2?id=Philippines-Information-and-Communications-Technology

131 AidData at William & Mary, https://www.aiddata.org/how-china-lends; AidData at Willam & Mary, "Loan agreement National Optical Fiber Backbone Project," https://www.documentcloud.org/documents/20488797-sle_2012_466

132 Huawei, "Sierra Leone President: Expect to Strengthen Cooperation with Huawei for Digital Transformation," August 31, 2018, https://www.huawei.com/en/news/2018/8/sierra-leone-cooperation-huawei-digital-transformation

133 Jonathan E. Hillman, and Maesea McCalpin, "Huawei's Global Cloud Strategy Economic and Strategic Implications," Center for Strategic and International Studies, Reconnecting Asia, May 17, 2021, https://reconasia.csis.org/huawei-global-cloud-strategy/

134 中国現代国際関係研究院、上海社会科学院、武漢大学「網絡主権：理論与実践」2019 年 10 月 22 日、http://www.wicwuzhen.cn/web19/release/201910/t20191021_11229796.shtml

135 中華人民共和国科学技術部、国家発展改革委員会、外交部、商務部「関于印発《推進"一帯一路"建設科技創新合作専項規劃》的通知」中華人意見」2013年10月15日、http://www.gov.cn/zwgk/2013-10/15/content_2507143.htm

114 騰訊科技「電信運営商如何加速布局海外市場？」2015年11月13日、https://tech.qq.com/a/20151113/026663.htm

115 国際協力機構、国際開発センター、日本テピア「全世界インフラ整備関連の中国の動向に関する情報収集・確認調査・報告書」2019年10月、https://openjicareport.jica.go.jp/pdf/12345633.pdf

116 United Nations Comtrade Database, http://comtrade.un.org

117 Directorate-General for Trade, and European Commission, "Notice of initiation of an anti-subsidy proceeding concerning imports of optical fibre cables originating in the People's Republic of China," *Official Journal of the European Union*, December 21, 2020, https://eur-lex.europa.eu/legal-content/EN/TXT/PDF/?uri=CELEX:52020XC1221(03)&from=EN

118 中国共産党新聞網「中共中央政治局常務委員会召開会議　習近平主持」2020年5月14日、http://cpc.people.com.cn/n1/2020/0514/c64094-31709431.html

119 中華人民共和国中央人民政府「習近平主持召開経済社会領域専家座談会併発表重要講話」2020年8月24日、http://www.gov.cn/xinwen/2020-08/24/content5537091.htm

120 中華人民共和国中央人民政府「中国製造2025」2015年5月8日、http://www.gov.cn/zhengce/content/2015-05/19/content9784.htm

121 佐野淳也「中国の産業支援策の実態――ハイテク振興重視で世界一の強国を追求」『JRIレビュー』第3巻、第75号、2020年、https://www.jri.co.jp/MediaLibrary/file/report/jrireview/pdf/11597.pdf

122 中華人民共和国国家自然科学基金委員会「2019年度国家自然科学基金委共接収各類項目申請25万余項 比上年増幅11・25%」2020年6月15日、http://www.nsfc.gov.cn/publish/portal0/tab440/info78062.htm

123 経済産業省『2017年版不公正貿易報告書――WTO協定及び経済連携協定・投資協定から見た主要国の貿易政策』2017年、https://www.meti.go.jp/committee/summary/0004532/2017/pdf/0101.pdf

124 日本貿易振興機構「中国『外商投資産業指導目録（2017年改訂）』の概要と特徴（2017年7月）」2017年7月28日、https://www.jetro.go.jp/world/reports/2017/02/e5d4309f1a66d534.html

125 Victor Mallet, and Lucy Hornby, "India and China sign $22bn in deals

見」2015 年 7 月 1 日、http://www.gov.cn/zhengce/content/2015-07/04/content_10002.htm

103 中華人民共和国中央人民政府「中華人民共和国国民経済和社会発展　第十三箇五年規劃綱要」2016年3月17日、http://www.gov.cn/xinwen/2016-03/17/content5054992.htm

104 中華人民共和国中央人民政府「中共中央弁公庁　国務院弁公庁印発《国家信息化発展戦略綱要》」2016年7月27日、http://www.gov.cn/zhengce/2016-07/27/content5095336.htm

105 中華人民共和国中央人民政府「中共中央　国務院印発《国家創新駆動発展戦略綱要》」2016年5月19日、http://www.gov.cn/zhengce/2016-05/19/content_5074812.htm

106 中華人民共和国中央人民政府「国務院関于印発“十三五”国家信息化規劃的通知」2016年12月15日、http://www.gov.cn/zhengce/content/2016-12/27/content5153411.htm

107 中華人民共和国中央人民政府「新聞弁就《国家信息化発展戦略綱要》有関情況挙行発布会」2016 年 7 月 27 日、http://www.gov.cn/xinwen/2016-07/27/content5095331.htm

108 Science Portal China「北斗の最新世代高精度測位チップが初公開」2020 年 8 月 28 日、https://spc.jst.go.jp/news/200804/topic_5_03.html

109 新華網「北斗導航将推動中阿集体合作向着更高水平発展——訪中国衛星導航系統委員会主席王兆燿」2020年7月6日、http://www.xinhuanet.com/tech/2020-07/06/c1126203367.htm

110 中華人民共和国全国人民代表大会「中華人民共和国数据安全法」2021年 6 月 10 日、http://www.npc.gov.cn/npc/c30834/202106/7c9af12f51334a73b56d7938f99a788a.shtml

111 中華人民共和国中央人民政府「中華人民共和国国民経済和社会発展第十四箇五年規劃和 2035 年遠景目標綱要」2021 年 3 月 13 日、http://www.gov.cn/xinwen/2021-03/13/content5592681.htm

112 新華網「習近平主席在世界経済論壇2017年年会開幕式上的主旨演講（全文）」2017年1月18日、http://www.xinhuanet.com//politics/2017-01/18/c1120331545.htm；中華人民共和国駐日本国大使館「習近平主席のダボス会議での基調講演全文（仮訳）」2017 年 2 月 10 日、http://www.china-embassy.or.jp/jpn/sgxw/t1437453.htm

113 中華人民共和国中央人民政府「国務院関於化解産能厳重過剰矛盾的指導

12月27日、http://www.cac.gov.cn/2016-12/27/c1120195926.htm
91 新華網「中共中央印発《深化党和国家机構改革方案》」2018年3月21日、http://www.xinhuanet.com/2018-03/21/c1122570517.htm
92 中華人民共和国国務院弁公庁「国務院弁公庁関于組建国家経済信息 管理領導小組的復函」1986年4月12日、http://www.gov.cn/zhengce/content/2012-07/05/content8051.htm
93 中華人民共和国全国人民代表大会「中華人民共和国国民経済和社会発展“九五”計劃和2010年遠景目標綱要」1996年3月17日、http://www.npc.gov.cn/wxzl/gongbao/2001-01/02/content5003506.htm
94 中華人民共和国中央人民政府「中共中央関于制定国民経済和社会発展第十箇五年計劃的建議」2000年10月11日、http://www.gov.cn/gongbao/content/2000/content60538.htm
95 中華人民共和国中央人民政府「中華人民共和国国民経済和社会発展第十箇五年計劃綱要」2001年3月15日、http://www.gov.cn/gongbao/content/2001/content60699.htm
96 中華人民共和国中央人民政府「中華人民共和国国民経済和社会発展第十一箇五年規劃綱要」2006年3月14日、http://www.gov.cn/gongbao/content/2006/content_268766.htm
97 中華人民共和国国家発展改革委員会「国家発展改革委関于印発高技術産業発展“十一五”規劃的通知」2007年4月28日、https://www.ndrc.gov.cn/xxgk/zcfb/ghwb/200705/t20070514962071.html
98 「発展改革委有関負責人就《国民経済和社会発展信息化“十一五”規劃》答記者問」2011年、http://www.gov.cn/zwhd/2008-04/17/content947090.htm
99 中共中央弁公庁、国務院弁公庁「関于印発《2006－2020年国家 信息化発展戦略》的通知」2006年3月19日、http://www.gov.cn/gongbao/content/2006/content315999.htm
100 中華人民共和国中央人民政府「中華人民共和国国民経済和社会発展第十二箇五年規劃綱要」2011年3月16日、http://www.gov.cn/2011lh/content1825838.htm
101 中華人民共和国中央人民政府「国家寛帯網絡科技発展“十二五”専項規劃」2012年9月3日、http://www.gov.cn/zwgk/2012-09/18/content2227485.htm
102 中華人民共和国国務院「国務院関于積極推進“互聯網＋”行動的指導意

1636158.htm

79 中国信息通信研究院「加快推進“一帯一路”信息通信業走出去」2018年11月14日、http://www.caict.ac.cn/kxyj/caictgd/201811/t20181114188712.htm

80 中国改革信息庫「鄧小平：在全国科学大会開幕式上的講話」鄧小平文選第二巻、1978年3月18日、http://www.reformdata.org/1978/0318/5158.shtml

81 兪曉軍「20世紀中国の情報化の展開」『名古屋外国語大学外国語学部紀要』第34号、2008年2月、pp. 13-36

82 人民中国「科学的発展観」http://www.peoplechina.com.cn/zhuanti/2011-04/21/content352359.htm

83 中華人民共和国国務院「国家中長期科学和技術発展規劃綱要（2006－2020年）」2006年2月、http://www.gov.cn/gongbao/content/2006/content240244.htm

84 中華人民共和国中央人民政府「習近平出席全国網絡安全和信息化工作会議併発表重要講話」2018年4月21日、http://www.gov.cn/xinwen/2018-04/21/content5284783.htm

85 山口信治「ブリーフィング・メモ——習近平政権の対外政策と中国の防空識別区設定」防衛研究所『ブリーフィング・メモ』2014年8・9月号、2014年9月11日、http://www.nids.mod.go.jp/publication/briefing/pdf/2014/briefing_190.pdf

86 科学技術振興機構「主要国の研究開発戦略（2017年）」『研究開発の俯瞰報告書』2017年、https://www.jst.go.jp/crds/pdf/2016/FR/CRDS-FY2016-FR-07/CRDS-FY2016-FR-0709.pdf

87 汪玉凱「中央網絡安全与信息化領導小組的由来及其影響」中国共産党新聞網、2014年3月3日、http://theory.people.com.cn/n/2014/0303/c40531-24510897.html

88 Jonathan Zittrain and Benjamin Edelman, “Internet Filtering in China,” IEEE Internet Computing. Volume 7, Issue 2, March, 2003, pp. 70-77, https://doi:10.1109/MIC.2003.1189191

89 中華人民共和国国務院新聞弁公室「国家互聯網信息弁公室設立」2011年5月4日、http://www.scio.gov.cn/zhzc/8/5/Document/1335496/1335496.htm

90 中央網絡安全和信息化弁公室「《国家網絡空間安全戦略》全文」2016年

聯網在法治軌道上健康運行」2020年4月16日、http://www.cac.gov.cn/2020-04/16/c1588583174020809.htm

70 中華人民共和国国家発展委員会「国家発展改革委有関負責人出席“数字絲綢之路”分論壇」2019年4月26日、https://www.ndrc.gov.cn/fzggw/wld/lnx/lddt/201904/t20190426l167838.html

71 新華社通信「世界互聯網大会：7国共同発起《“一帯一路”数字経済国際合作倡議》」2017年12月4日、https://2017.wicwuzhen.cn/web17/news/pic/201712/t20171204592842l.shtml

72 中華人民共和国国家発展改革委員会「国家発展和改革委員会与国家開発銀行簽署《支持数字経済発展開発性金融合作協議》」2018年9月19日、http://www.gov.cn/xinwen/2018-09/19/content5323492.htm

73 中国一帯一路網「受権発布：《共建“一帯一路”倡議：進展、貢献与展望》（八語種）」2019年4月22日、https://www.yidaiyilu.gov.cn/zchj/qwfb/86697.htm

74 上海国際問題研究院「“一帯一路”与上海研究中心 2020年度専題報告 2」2020年9月、http://www.siis.org.cn/UploadFiles/file/20201209/%E4%B8%8A%E6%B5%B7%E5%9B%BD%E9%99%85%E7%A7%91%E5%88%9B%E4%B8%AD%E5%BF%83%E6%9C%8D%E5%8A%A1%E2%80%9C%E4%B8%80%E5%B8%A6%E4%B8%80%E8%B7%AF%E2%80%9D%E5%BB%BA%E8%AE%BE%E4%B9%8B%E8%BF%9B%E5%B1%95%E4%B8%8E%E5%B1%95%E6%9C%9B.pdf

75 中華人民共和国中央人民政府「更好地実施“走出去”戦略」2006年3月15日、http://www.gov.cn/node_11140/2006-03/15/content_227686.htm

76 中華人民共和国駐日本国大使館「習近平主席のナザルバエフ大学での講演」2013年9月8日、http://www.china-embassy.or.jp/jpn/zgyw/t1076413.htm；中華人民共和国国務院新聞弁公室「習近平“一帯一路”倡議的重要論述回顧」2016年2月2日、http://www.scio.gov.cn/ztk/wh/slxy/gcyl1/Document/1468602/1468602.htm

77 中華人民共和国国家発展改革委員会、外交部、商務部「シルクロード経済ベルトと21世紀海上シルクロードの共同建設推進のビジョンと行動」2015年3月28日、http://www.china-embassy.or.jp/jpn/zgyw/t1250235.htm

78 中華人民共和国国務院新聞弁公室「関于印発《推進“一帯一路”建設科技創新合作専項規劃》的通知」2016年9月8日、http://www.scio.gov.cn/xwfbh/xwbfbh/wqfbh/37601/38866/xgzc38872/Document/1636158/

Independent Infrastructure Developers," November 22, 2018, https://www.submarinenetworks.com/en/insights/a-new-coming-for-submarine-cable-systems-the-independent-infrastructure-developers

62 総務省「世界情報通信事情」、https://www.soumu.go.jp/g-ict/

63 総務省「ベトナム社会主義共和国（Socialist Republic of Viet Nam）」、https://www.soumu.go.jp/g-ict/country/vietnam/pdfcontents.html

64 総務省「我が国のインターネットにおけるトラヒックの集計結果」2021年7月21日、https://www.soumu.go.jp/main_content/000761096.pdf

65 Stephen Cobb, "Satellite Internet Connection for Rural Broadband: Is it a viable alternative to wired and wireless connectivity for America's rural communities?" A RuMBA USA White Paper, May, 2011, https://www.researchgate.net/profile/Stephen-Cobb-4/publication/338018352_Satellite_Internet_Connection_for_Rural_Broadband_Is_it_a_viable_alternative_to_wired_and_wireless_connectivity_for_America's_rural_communities_A_RuMBA_USA_White_Paper_by_Stephen_Cobb/links/5dfa62c4299bf10bc363a5e8/Satellite-Internet-Connection-for-Rural-Broadband-Is-it-a-viable-alternative-to-wired-and-wireless-connectivity-for-Americas-rural-communities-A-RuMBA-USA-White-Paper-by-Stephen-Cobb.pdf

66 山口結花「衛星コンステレーションを用いた次世代インターネットの可能性と課題」『NRIパブリックマネジメントレビュー』2019年2月号、https://www.nri.com/-/media/Corporate/jp/Files/PDF/knowledge/publication/region/2019/02/2_vol187.pdf

67 International Telecommunication Union Telecommunication Standardization Sector, "International Internet and Fibre Cables connectivity including relevant aspects of Internet protocol（IP）peering, regional traffic exchange points, Fibre Cables optimization, cost of provision of services and impact of Internet protocol version 6（IPv6）deployment," https://www.itu.int/en/ITU-T/studygroups/2017-2020/03/Pages/q6.aspx

68 United Nations Economic and Social Comission for Asia and Pacific, "The Operation of Cross-Border Terrestrial Fibre-Optic Networks in Asia and the Pacific," August, 2019, https://www.unescap.org/sites/default/files/The%20Operation%20of%20Cross-Border%20Terrestrial%20Fibre-Optic%20Networks%20in%20Asia%20and%20the%20Pacific_0.pdf

69 中華人民共和国国家互聯網信息弁公室「《網絡安全法》実施両周年：譲互

50 例えば、コーエン（Eliot A. Cohen）は、軍事分野における現在の革命は、それ以前の革命と同じく、民生のテクノロジーの世界から生まれたものであり、中国は、これらをすぐに軍事転用するだろう、と指摘していた。Eliot A. Cohen, "A Revolution in Warfare," *Foreign Affairs*. Volume 75, Number 2, 1996, pp. 37-54, https://www.jstor.org/stable/20047487

51 アンドリュー・J・ネイサン、アンドリュー・スコベル『中国安全保障全史——万里の長城と無人の要塞』みすず書房、2016 年

52 門間理良「情報化戦争の準備を進める中国」『中国安全保障レポート 2021——新時代における中国の軍事戦略』第 1 章、2020 年、p. 10

53 White House, "Cyberspace Policy Review," May 29, 2009, https://fas.org/irp/eprint/cyber-review.pdf

54 Department of Defense, "Quadrennial Defense Review Report," February, 2010, https://www.defense.gov/Portals/1/features/defenseReviews/QDR/QDR_as_of_29JAN10_1600.pdf

55 八塚正晃「第 2 章　中国のサイバー戦略」『中国安全保障レポート 2021』p26、http://www.nids.mod.go.jp/publication/chinareport/pdf/china_report_JP_web_2021_A01.pdf

56 中華人民共和国国防部「戦略支援部隊与地方 9 箇単位合作培養新型作戦力量高端人才」2017 年 7 月 12 日、http://www.mod.gov.cn/power/2017-07/12/content_4785370.htm

57 United Nations Conference on Trade and Development, "World Investment Report 2017," June, 2017, https://unctad.org/system/files/official-document/wir2017_en.pdf

58 International Telecommunication Union, "Measuring digital development Facts and figures 2020," November 30, 2020, https://www.itu.int/en/ITU-D/Statistics/Documents/facts/FactsFigures2020.pdf

59 Google, TEMASEK, and BAIN & COMPANY, "e-Conomy SEA 2019," October 3, 2019, https://www.blog.google/documents/47/SEA_Internet_Economy_Report_2019.pdf

60 World Bank, "The Digital Economy in Southeast Asia," January, 2019, http://documents1.worldbank.org/curated/en/328941558708267736/pdf/The-Digital-Economy-in-Southeast-Asia-Strengthening-the-Foundations-for-Future-Growth.pdf

61 Suvesh Chattopadhyaya, "A new coming for Submarine Cable Systems—the

38 National Security Commission on Artificial Intelligence, "Global Emerging Summit," July 13, 2021, https://www.nscai.gov/summit/

39 Henning Kagermann, Wolfgang Wahlster, and Johannes Helbig, "Recommendations for implementing the strategic initiative Industrie 4.0," January, 2013, https://www.din.de/blob/76902/e8cac883f42bf28536e7e8165993f1fd/recommendations-for-implementing-industry-4-0-data.pdf

40 Richard G. Lipsey, Kenneth I. Carlaw, and Clifford T. Bekar, *Economic Transformations: general purpose technologies and long-term economic growth,* Oxford University, 2006

41 伍暁鷹、梁涛「中国の経済成長における情報通信技術（ICT）の役割」2017年8月、https://www.rieti.go.jp/jp/publications/dp/17e111.pdf

42 総務省「グローバルICT産業の構造変化及び将来展望等に関する調査研究報告書」2015年3月、https://www.soumu.go.jp/johotsusintokei/linkdata/h27_02_houkoku.pdf

43 Organization for Economic Cooperation and Development, *OECD Communications Outlook 2013*（ICT Goods Export）

44 Ram Mudambi, "Location, control and innovation in knowledge-intensive industries," *Journal of Economic Geography*. Volume 8, Number 5, September, 2008, pp. 699-725, https://www.jstor.org/stable/26161288

45 総務省「グローバルICT産業の構造変化及び将来展望等に関する調査研究　報告書」2015年3月

46 U.S. International Trade Administration, "Philippines-Information and Communications Technology," July 18, 2019, https://www.export.gov/apex/article2?id=Philippines-Information-and-Communications-Technology

47 White House, "National Security Strategy of the United States of America," December 18, 2017, https://trumpwhitehouse.archives.gov/wp-content/uploads/2017/12/NSS-Final-12-18-2017-0905.pdf

48 White House, "Interim National Security Strategic Guidance," March 3, 2021, https://www.whitehouse.gov/wp-content/uploads/2021/03/NSC-1v2.pdf

49 中華人民共和国中央人民政府「習近平出席全国網絡安全和信息化工作会議併発表重要講話」2018年4月21日、http://www.gov.cn/xinwen/2018-04/21/content5284783.htm

Focus Towards Asia," May 2, 2002, http://library.rumsfeld.com/doclib/sp/2518/2002-05-02%20from%20Andy%20Marshall%20re%20Near%20Term%20Actions%20to%20Begin%20Shift%20of%20Focus%20Towards%20Asia.pdf

29 White House, "Remarks By President Obama to the Australian Parliament," November 17, 2011, https://obamawhitehouse.archives.gov/the-press-office/2011/11/17/remarks-president-obama-australian-parliament

30 Kurt M. Campbell, and Jake Sullivan, "Competition Without Catastrophe: How America Can Both Challenge and Coexist with China," *Foreign Affairs*, August 1, 2019, https://www.foreignaffairs.com/articles/china/competition-with-china-without-catastrophe

31 U.S.-China Economic and Security Review Commission, "Chapter 3 China And The World Section 1: China And Continental Southeast Asia," October, 2019, https://www.uscc.gov/sites/default/files/2019-10/Chapter%203,%20Section%201%20-%20China%20and%20Continental%20Southeast%20Asia_0.pdf

32 Stockholm International PEACE Research Institute, "Arms Transfer Database," https://www.sipri.org/databases/armstransfers

33 Thailand Ministry of Foreign Affairs, "Towards Strategic New Equilibrium of the Asia-Pacific," June 4, 2016, http://m.mfa.go.th/main/en/media-center/28/67403-Prime-Minister%27s-Statement-at-the-IISS-Shangr.html

34 新華網「習近平在亜洲相互協作与信任措施会議第四次峰会上的講話（全文）」2014年5月21日、http://www.xinhuanet.com//politics/2014-05/21/c1110796357.htm

35 中華人民共和国国務院新聞弁公室「中国的和平発展」人民日報、2011年9月7日；「『2011版中国の平和的発展』白書（全文）」2011年9月22日、http://japanese.china.org.cn/politics/txt/2011-09/22/content23472005.htm

36 Dan Blumenthal, Randall Schriver, Mark Stokes, L.C. Russell Hsiao, and Michael Mazza, "Asian Alliance in the 21st Century," August 30, 2011, https://project2049.net/wp-content/uploads/2018/05/Asian_Alliances_21st_Century.pdf

37 防衛省「日米豪共同訓練『コープ・ノース・グアム18』HA / DR訓練」2018年2月、https://warp.da.ndl.go.jp/info:ndljp/pid/11450712/www.mod.go.jp/j/profile/minister/onodera/2018_02_photo.html#photo_0221

27CPE0X20C21A1000000/

19 Association of South East Asian Nations, “Press Statement by the Chairman of the 7th ASEAN Summit and the Three ASEAN + 1 Summits Brunei Darussalam,” November 6, 2001, https://asean.org/?static_post=press-statement-by-the-chairman-of-the-7th-asean-summit-and-the-three-asean-1-summits-brunei-darussalam-6-november-2001

20 International Monetary Fund, “Press Release: IMF Board of Governors Approves Major Quota and Governance Reforms,” December 16, 2010, https://www.imf.org/en/News/Articles/2015/09/14/01/49/pr10477

21 Rebecca M. Nelson, and Martin A. Weis, “IMF Reforms: Issues for Congress, Congressional Research Service,” April 9, 2015, https://crsreports.congress.gov/product/pdf/R/R42844

22 当初ダレスは、車輪のスポークと呼んでいた。ダレスは、米国、オーストラリア、およびニュージーランドの軍事同盟・集団安全保障に関するANZUS条約（Australia, New Zealand, United States Security Treaty: 太平洋安全保障条約）の交渉過程でspokes on a wheel（車輻：車輪のスポーク）という表現を使った。David W. Mabon, “Elusive Agreements: The Pacific Pact Proposals of 1949–1951,” *Pacific Historical Review.* volume 57, January, 1988, p. 164

23 白石隆『海洋アジアvs. 大陸アジア――日本の国家戦略を考える』ミネルヴァ書房、2016年

24 佐橋亮『米中対立』中公新書、2021年、pp. 70–71

25 「責任あるステークホルダー」は、元米国務副長官のゼーリック（Robert Zoellick）が米国米中関係委員会（National Committee on U.S. China Relations）において2005年に使った表現である。“Whither China? From Membership to Responsibility,” September 21, 2005, https://2001-2009.state.gov/s/d/former/zoellick/rem/53682.htm

26 U.S. Department of State, Remarks at Business Event, October 18, 2001, https://2001-2009.state.gov/secretary/former/powell/remarks/2001/5441.htm

27 Nina Silove, “The Pivot before the Pivot: U.S. Strategy to Preserve the Power Balance in Asia,” *International Security* (2016) 40 (4) , pp. 45-88, https://doi.org/10.1162/ISEC_a_00238

28 Office of the Secretary of Defense, “Near Term Actions to Begin Shift of

10 Baum Richard, "From 'Strategic Partners' to 'Strategic Competitors': George W. Bush and the Politics of U.S. China Policy," *Journal of East Asian Studies*. Volume 1, Number 2, 2001, pp. 191-220, https://www.jstor.org/stable/23417761

11 U.S.-China Security Review Commission, "Report to Congress of the U.S.-China Security Review Commission," July, 2002, https://www.uscc.gov/sites/default/files/annual_reports/2002%20Annual%20Report%20to%20Congress.pdf

12 木村福成、安藤光代「多国籍企業の生産ネットワーク——新しい形の国際分業の諸相と実態」木村福成、椋寛編著『国際経済学のフロンティア——グローバリゼーションの拡大と対外経済政策』第9章、東京大学出版会、2016年

13 白石隆、ハウ・カロライン『中国は東アジアをどう変えるか——21世紀の新地域システム』中公新書、2012年

14 日本貿易振興機構「ASEAN－中国自由貿易協定（ACFTA）の物品貿易協定（Trade in Goods Agreement)」2020年8月、https://www.jetro.go.jp/ext_images/theme/wto-fta/asean_fta/pdf/acfta_202008rev.pdf

15 Xinhua News Agency, "Full Text of Jiang Zemin's Report at 16th Party Congress," November 17, 2002, http://www.china.org.cn/english/features/49007.htm

16 Association of South East Asian Nations, "Joint Declaration of the Heads of State/Government of the Association of Southeast Asian Nations," May 11, 2002, https://asean.org/?static_post=external-relations-china-joint-declaration-of-the-heads-of-stategovernment-of-the-association-of-southeast-asian-nations-and-the-people-s-republic-of-china-on-strategic-partnership-for-peace-and-prosp

17 Association of South East Asian Nations, "Press Statement by the Chairman of the 8th ASEAN Summit, the 6th ASEAN + 3 Summit and the ASEAN-China Summit Phnom Penh, Cambodia," November 4, 2002, https://asean.org/press-statement-by-the-chairman-of-the-8th-asean-summit-the-6th-asean-3-summit-and-the-asean-china-summit-phnom-penh-cambodia-4-november-2002/

18 日本経済新聞「中国、ASEANに関係格上げ要求　フィリピン近海に漁船派遣」2021年3月29日、https://www.nikkei.com/article/DGXZQOGM

【注】

1 Sebastian Heilmann, "Leninism Upgraded: Xi Jinping's Authoritarian Innovations," *China Economic Quarterly*, December, 2016, pp. 15-22

2 中華人民共和国科学技術部、国家発展改革委員会、外交部、商務部「関于印発《推進"一帯一路"建設科技創新合作専項規劃》的通知」中華人民共和国国務院新聞弁公室、2016年9月14日、http://www.scio.gov.cn/xwfbh/xwbfbh/wqfbh/39595/40268/xgzc40274/Document/1652295/1652295.htm

3 U.S. Department of State, "U.S. Imposes Visa Restrictions on Certain Employees of Chinese Technology Companies that Abuse Human Rights," July 15, 2020, https://2017-2021.state.gov/u-s-imposes-visa-restrictions-on-certain-employees-of-chinese-technology-companies-that-abuse-human-rights/index.html

4 Freedom House, "Freedom on the net 2020 China," https://freedomhouse.org/country/china/freedom-net/2020

5 National Counter Intelligence and Security Center, "Foreign Economic Espionage in Cyberspace," July 26, 2018, https://www.dni.gov/files/NCSC/documents/news/20180724-economic-espionage-pub.pdf

6 U.S. Department of State, "The Elements of the China Challenge," November, 2020, https://2017-2021.state.gov/the-elements-of-the-china-challenge/index.html

7 Council of the European Union, "COUNCIL IMPLEMENTING REGULATION (EU) 2021/478 of 22 March 2021 implementing Regulation (EU) 2020/1998 concerning restrictive measures against serious human rights violations and abuses," *Official Journal of the European Union*, March 22, 2021, https://eur-lex.europa.eu/legal-content/EN/TXT/PDF/?uri=OJ:L:2021:099I:FULL&from=EN

8 中華人民共和国外交部「外交部発言人宣布中方対欧盟有関机構和人員実施制裁」2021年3月22日、https://www.fmprc.gov.cn/web/fyrbt673021/t1863102.shtml

9 人民網日本語版「オバマ大統領の『中国フリーライダー論』に物申す」2014年8月13日、http://j.people.com.cn/n/2014/0813/c94474-8769237.html

〈著者紹介〉
持永 大（もちなが・だい）
慶應義塾大学 SFC 研究所上席所員
早稲田大学大学院基幹理工学研究科情報理工学専攻博士後期課程修了。博士（工学）。三菱総合研究所などを経て、一般社団法人 JPCERT コーディネーションセンター脅威アナリストを兼任。情報通信技術、サイバーセキュリティ、および外交・安全保障政策に関する調査・研究に従事。主著に『サイバー空間を支配する者――21世紀の国家、組織、個人の戦略』（共著、日本経済新聞出版、2018年）。

デジタルシルクロード　情報通信の地政学

2022年1月7日　1版1刷

著 者　持 永 　大

発行者　白 石 　賢
発 行　日経 BP
日本経済新聞出版本部
発 売　日経 BP マーケティング
〒105-8308　東京都港区虎ノ門4-3-12

印刷・製本　中央精版印刷
DTP　CAPS
ISBN 978-4-532-32452-0

マネジメント・テキストシリーズ！

生産マネジメント入門（I）
——生産システム編——

生産マネジメント入門（II）
——生産資源・技術管理編——

藤本隆宏［著］

イノベーション・マネジメント入門（第２版）

一橋大学イノベーション研究センター［編］

人事管理入門（第３版）

今野浩一郎・佐藤博樹［著］

グローバル経営入門

浅川和宏［著］

MOT［技術経営］入門

延岡健太郎［著］

マーケティング入門

小川孔輔［著］

ベンチャーマネジメント［事業創造］入門

長谷川博和［著］

経営戦略入門

網倉久永・新宅純二郎［著］

ビジネスエシックス［企業倫理］

髙　巖［著］